Sylvia Schmidt

Das parabolische Anderson-Modell mit Be- und Entschleunigung

Sylvia Schmidt

Das parabolische Anderson-Modell mit Be- und Entschleunigung

Massetransport durch zufällige Medien

Südwestdeutscher Verlag für Hochschulschriften

Impressum/Imprint (nur für Deutschland/only for Germany)
Bibliografische Information der Deutschen Nationalbibliothek: Die Deutsche Nationalbibliothek verzeichnet diese Publikation in der Deutschen Nationalbibliografie; detaillierte bibliografische Daten sind im Internet über http://dnb.d-nb.de abrufbar.

Alle in diesem Buch genannten Marken und Produktnamen unterliegen warenzeichen-, marken- oder patentrechtlichem Schutz bzw. sind Warenzeichen oder eingetragene Warenzeichen der jeweiligen Inhaber. Die Wiedergabe von Marken, Produktnamen, Gebrauchsnamen, Handelsnamen, Warenbezeichnungen u.s.w. in diesem Werk berechtigt auch ohne besondere Kennzeichnung nicht zu der Annahme, dass solche Namen im Sinne der Warenzeichen- und Markenschutzgesetzgebung als frei zu betrachten wären und daher von jedermann benutzt werden dürften.

Verlag: Südwestdeutscher Verlag für Hochschulschriften GmbH & Co. KG
Dudweiler Landstr. 99, 66123 Saarbrücken, Deutschland
Telefon +49 681 37 20 271-1, Telefax +49 681 37 20 271-0
Email: info@svh-verlag.de

Zugl.: Leipzig, Universität, Dissertation, 2010

Herstellung in Deutschland:
Schaltungsdienst Lange o.H.G., Berlin
Books on Demand GmbH, Norderstedt
Reha GmbH, Saarbrücken
Amazon Distribution GmbH, Leipzig
ISBN: 978-3-8381-0953-4

Imprint (only for USA, GB)
Bibliographic information published by the Deutsche Nationalbibliothek: The Deutsche Nationalbibliothek lists this publication in the Deutsche Nationalbibliografie; detailed bibliographic data are available in the Internet at http://dnb.d-nb.de.

Any brand names and product names mentioned in this book are subject to trademark, brand or patent protection and are trademarks or registered trademarks of their respective holders. The use of brand names, product names, common names, trade names, product descriptions etc. even without a particular marking in this works is in no way to be construed to mean that such names may be regarded as unrestricted in respect of trademark and brand protection legislation and could thus be used by anyone.

Publisher: Südwestdeutscher Verlag für Hochschulschriften GmbH & Co. KG
Dudweiler Landstr. 99, 66123 Saarbrücken, Germany
Phone +49 681 37 20 271-1, Fax +49 681 37 20 271-0
Email: info@svh-verlag.de

Printed in the U.S.A.
Printed in the U.K. by (see last page)
ISBN: 978-3-8381-0953-4

Copyright © 2011 by the author and Südwestdeutscher Verlag für Hochschulschriften GmbH & Co. KG and licensors
All rights reserved. Saarbrücken 2011

Inhalt und Aufbau der Arbeit

In dieser Arbeit geht es um eine Verallgemeinerung des parabolischen Anderson-Modells (PAM), bei welcher die bisherige Diffusionskonstante an die Zeit gekoppelt ist. Die Fragestellung nach dem asymptotischen Verhalten der Gesamtmasse – gibt es ähnliche Resultate wie bisher oder treten grundsätzlich neue Effekte auf? – wird für einen Großteil aller Fälle beantwortet.

Die Arbeit ist in sechs Kapitel gegliedert. Kapitel 1 gibt eine Einführung in das parabolische Anderson-Modell und seine Verallgemeinerung. In Kapitel 2 werden die Ergebnisse formuliert und einige davon heuristisch erklärt. Kapitel 3 stellt Hilfsresultate für die Beweise bereit. Die Kapitel 4 und 5 sind den Beweisen der Ergebnisse gewidmet – in Kapitel 4 geht es um die Hauptfragestellung zur Asymptotik der Gesamtmasse, Kapitel 5 beschäftigt sich mit den dabei auftauchenden Variationsproblemen. Schließlich gibt Kapitel 6 eine Zusammenfassung.

Kapitel 1 ist wie folgt unterteilt: In Abschnitt 1.1 werden wir das parabolische Anderson-Modell definieren und motivieren, um dann einen Überblick über bisherige Ergebnisse zu geben, die für unsere Arbeit relevant sind. Insbesondere betrachten wir die Einteilung in vier Universalitätsklassen. Abschnitt 1.2 stellt das verallgemeinerte Modell vor, welches als Be- oder Entschleunigung des Originalmodells interpretiert werden kann. Die Ergebnisse dieser Arbeit werden hier in heuristischer Weise formuliert. Wichtig ist die Aufteilung aller auftretenden Fälle in fünf Phasen, von denen wir vier umfassend behandeln werden.

In Kapitel 2 werden wir als Erstes das neue Modell und die Ergebnisse rigoros formulieren (Abschnitt 2.1). Die Theoreme 2.1.3, 2.1.4, 2.1.6 und 2.1.7 sind den Phasen 1–4 gewidmet, wobei in den ersten drei Phasen ähnliche Effekte auftreten wie im ursprünglichen PAM, während in Phase 4 ein Verhalten nachgewiesen werden kann, das an Random Walk in Random Scenery (RWRS)-Modelle erinnert. In jeder dieser Phasen kann die Asymptotik mittels eines Variationsproblems beschrieben werden. Eines dieser Variationsprobleme ist neu in der PAM-Welt und wird an dieser Stelle genauer untersucht. Schließlich formulieren wir mehrere Propositionen, welche sich mit dem Verhältnis der Variationsprobleme untereinander beschäftigen. In Abschnitt 2.2 geben wir für die Ergebnisse der Phasen 3 und 4 eine heuristische Herleitung. Zusätzlich erläutern wir den Zusammenhang zwischen unserem Ergebnis in Phase 4 und einer Aussage über große Abweichungen für RWRS-Modelle, indem wir auf heuristische Weise eine alternative Darstellung der hier auftretenden Variationsformel herleiten.

Die Kapitel 3–5 enthalten sämtliche Beweise der in Abschnitt 2.1 dargestellten Ergebnisse. Zunächst sammeln wir in Kapitel 3 verschiedene Resultate, die wir für die eigentlichen Beweise benötigen. Dies sind zum einen grundlegende analytische Techniken und zum anderen Sätze aus der Literatur. Die Abschnitte dieses Kapitels dienen der Übersichtlichkeit der Beweisstruktur und sollen außerdem häufig verwendete Argumente besonders hervorheben. In den vier Abschnitten von Kapitel 4 werden wir dann mit Hilfe dieser Hilfsresultate die Ergebnisse der vier Theoreme zu den Phasen 1–4 beweisen. Nach diesem asymptotischen Beweisteil widmen wir uns in Kapitel 5 den auftretenden Variationsformeln. In Abschnitt 5.1 zeigen wir die Existenz eines Minimierers in dem neuen Variationsproblem und leiten ein Kriterium für die Endlichkeit seines Trägers her. In Abschnitt 5.2 werden wir die Propositionen beweisen, welche den Zusammenhang zwischen den Variationsformeln herstellen.

Zum Abschluss der Arbeit werden wir in Kapitel 6 unsere Ergebnisse zusammenfassen (Abschnitt 6.1) und in einem kurzen Ausblick einige Fragen ansprechen, welche für die künftige Forschung von Interesse sind (Abschnitt 6.2).

Inhaltsverzeichnis

1 Einführung in das parabolische Anderson-Modell   7
   1.1 Das PAM bisher 7
      1.1.1 Definition des Modells 7
      1.1.2 Motivation und Interpretation 8
      1.1.3 Eigenschaften und bisherige Ergebnisse 9
      1.1.4 Die Universalitätsklassen 11
   1.2 Das PAM mit Be- und Entschleunigung 14
      1.2.1 Verallgemeinertes Modell und Hauptresultat 14
      1.2.2 Weitere Resultate dieser Arbeit 17

2 Ergebnisse und Heuristik   19
   2.1 Formulierung der Ergebnisse 19
      2.1.1 Grundsätzliche Annahmen 19
      2.1.2 Phasen 1 und 2: $\kappa(t) \ll K_H(t)/t$ und $\kappa(t) \asymp K_H(t)/t$ 21
      2.1.3 Phase 3: $K_H(t)/t \ll \kappa(t) \ll t^{2/d}$ 22
      2.1.4 Phase 4: $K_H(t)/t \ll \kappa(t) \asymp t^{2/d}$ 24
      2.1.5 Analyse des neuen Variationsproblems 25
      2.1.6 Konvergenz der Variationsformeln 26
   2.2 Heuristik 28
      2.2.1 Feynman–Kac-Formel 28
      2.2.2 Lokalzeiten und ihre großen Abweichungen 28
      2.2.3 Heuristik zu Theorem 2.1.6 29

	2.2.4	Heuristik zu Theorem 2.1.7	31
	2.2.5	Alternative Heuristik zu Theorem 2.1.7	31

3 Vorbereitungen und Hilfssätze   **35**
- 3.1 Der Anfang ... 36
  - 3.1.1 Erste Schritte ... 36
  - 3.1.2 Kompaktifizierung ... 37
  - 3.1.3 Große Abweichungen ... 39
- 3.2 Aus der Trickkiste der Analysis ... 41
  - 3.2.1 Konvexität und Unterhalbstetigkeit ... 41
  - 3.2.2 Der Hölder-Trick ... 43
  - 3.2.3 Regulär variierende Funktionen ... 44
  - 3.2.4 Sobolevungleichungen ... 45
- 3.3 Hilfssätze aus der PAM- und RWRS-Literatur ... 50
  - 3.3.1 Phase 3: Resultate aus [BK01] und [HKM06] ... 50
  - 3.3.2 Phase 4: Resultate aus [GKS07] ... 53
- 3.4 Vorbetrachtungen zu den Variationsproblemen ... 55
  - 3.4.1 Eigenschaften von $\chi_\gamma^{(B)}(\rho)$ und $\chi_H^{(RWRS)}(\theta)$ ... 55
  - 3.4.2 Diskrete Entkompaktifizierungshilfe ... 58
  - 3.4.3 Stetige Entkompaktifizierungsstandardargumente ... 63
  - 3.4.4 Die Finite-Elemente-Methode ... 65

4 Beweis der asymptotischen Resultate   **75**
- 4.1 Phase 1: Beweis von Theorem 2.1.3 ... 75
- 4.2 Phase 2: Beweis von Theorem 2.1.4 ... 77
- 4.3 Phase 3: Beweis von Lemma 2.1.5 und Theorem 2.1.6 ... 80
  - 4.3.1 Reguläre Variation: Beweis von Lemma 2.1.5 ... 80
  - 4.3.2 Untere Schranke ... 81
  - 4.3.3 Obere Schranke ... 85

	4.4	Phase 4: Beweis von Theorem 2.1.7 93
		4.4.1 Untere Schranke 93
		4.4.2 Obere Schranke 96

5 Beweis der Variationsproblemsaussagen **107**

   5.1 Das neue Variationsproblem: Beweis von Proposition 2.1.8 107

       5.1.1 Existenz eines Minimierers 107

       5.1.2 Träger eines Minimierers 112

   5.2 Konvergenz der Variationsformeln 113

       5.2.1 γ-Konvergenz: Beweis von Proposition 2.1.9 113

       5.2.2 Diskret zu stetig: Beweis von Proposition 2.1.10 115

       5.2.3 Die triviale Richtung: Beweis von Proposition 2.1.11 124

       5.2.4 Vom PAM zu RWRS: Heuristik zu Bemerkung 2.1.12 125

6 Abschließende Bemerkungen **127**

   6.1 Zusammenfassung der Ergebnisse dieser Arbeit 127

   6.2 Offene Fragen 128

Symbolverzeichnis   **131**

Literatur   **135**

Danksagungen   **139**

Kapitel 1

Einführung in das parabolische Anderson-Modell

1.1 Das PAM bisher

1.1.1 Definition des Modells

Das parabolische Anderson-Modell beschreibt den zufälligen Massetransport durch ein zufälliges Feld von Quellen und Senken im d-dimensionalen diskreten Raum. Definiert ist es als Lösung $u(t,z)$ der stochastischen partiellen Differentialgleichung

$$\frac{\partial}{\partial t} u(t,z) = \kappa \Delta u(t,z) + \xi(z) u(t,z), \quad t > 0,\, z \in \mathbb{Z}^d, \qquad (1.1)$$
$$u(0,\cdot) = \mathbb{1}_0,$$

wobei Δ der diskrete Laplace-Operator ist,

$$\Delta u(t,z) = \sum_{\substack{x \in \mathbb{Z}^d \\ |x-z|=1}} [u(t,x) - u(t,z)],$$

$\kappa > 0$ ist die Diffusionskonstante und $(\xi(z))_{z \in \mathbb{Z}^d}$ ein Feld von unabhängigen, identisch verteilten (i.i.d.), nicht fast sicher konstanten Zufallsvariablen, das sogenannte Potential. Wir bezeichnen mit $\mathrm{Prob}(\cdot)$ bzw. $\langle \cdot \rangle$ Wahrscheinlichkeiten bzw. Erwartungswerte bezüglich des Potentials.

Unter sehr schwachen Voraussetzungen wurden in [GM90] die Existenz und Eindeutigkeit einer nichtnegativen Lösung von (1.1) gezeigt. Diese Voraussetzungen gelten insbesondere unter der Annahme, dass alle exponentiellen Momente von $\xi(0)$ endlich sind, d.h. es wird für die Kumulantenerzeugende $H(t)$ von $\xi(0)$ angenommen, dass

$$H(t) = \log\langle \mathrm{e}^{t\xi(0)} \rangle < \infty \qquad (1.2)$$

für alle $t > 0$ gilt. Wir werden hier immer unter dieser Voraussetzung arbeiten. Weiterhin werden wir Annahmen an die Asymptotik der Funktion $H(t)$ für $t \to \infty$ treffen, also an die oberen Schwänze der Verteilung von $\xi(0)$.

Einige Varianten des Modells lassen auch allgemeinere Voraussetzungen an das Potential zu. So reicht es meist, ein ergodisches Feld zu betrachten. Ferner ist es möglich, die Potentialwerte von t abhängig zu machen und entsprechend ein zeitlich und räumlich ergodisches Feld vorauszusetzen. Wir werden in dieser Arbeit ausschließlich mit i.i.d. Potentialen arbeiten.

Im parabolischen Anderson-Modell interessiert uns besonders die Asymptotik der Lösung für $t \to \infty$. Wie schnell und wie weit breitet sich die Masse im Raum aus? Woher stammt der Hauptbeitrag an der Gesamtmasse

$$U(t) = \sum_{z \in \mathbb{Z}^d} u(t,z)$$

für große t? Besonders die exponentielle Asymptotik der Gesamtmasse ist von Bedeutung. Da diese von den Realisierungen des Potentials abhängt, also eine Zufallsgröße ist, kann man einerseits fast sichere Aussagen treffen (die „quenched"-Perspektive) und andererseits den Erwartungswert $\langle U(t) \rangle$ bzw. allgemeiner die p-ten Momente $\langle U(t)^p \rangle$ betrachten (die „annealed"-Perspektive). In [GM90] wird gezeigt, dass unter Annahme (1.2) alle Momente von $U(t)$ existieren. In dieser Arbeit werden wir uns ausschließlich für den Erwartungswert $\langle U(t) \rangle$ interessieren.

1.1.2 Motivation und Interpretation

Namensgeber dieses Modells ist der amerikanische Physiker Philip Warren Anderson, der die elektrische Leitfähigkeit in Festkörpern mit Unregelmäßigkeiten untersuchte. In [A58] beschrieb und analysierte er ein Modell, welches noch etwas allgemeiner als das hier betrachtete PAM ist. Die Grundidee von Gleichung (1.1) besteht im Zusammenspiel eines Diffusionsterms $\kappa \Delta u(t,z)$, der die gleichmäßige Ausbreitung der Masse im Raum bewirkt, und eines Interaktionsterms $\xi(z)u(t,z)$, welcher zu räumlichen Unregelmäßigkeiten führt. Ohne diese Interaktion erhalten wir die bekannte (parabolische) Wärmeleitungsgleichung, deren Lösung bei gegebener Anfangsbedingung als zeitliche Entwicklung der Temperaturverteilung im Raum interpretiert werden kann.

Die Lösung $u(t,z)$ von (1.1) können wir uns als Masse im Punkt $z \in \mathbb{Z}^d$ zum Zeitpunkt $t > 0$ vorstellen, wenn zum Zeitpunkt 0 mit einer Einheitsmasse im Ursprung gestartet wurde, die sich mit Diffussionsrate $\kappa > 0$ gleichmäßig im Raum ausbreitet. Die Interaktion mit dem Feld $(\xi(z))_{z \in \mathbb{Z}^d}$ ist dann so zu verstehen, dass unterwegs mit zufälligen Raten Masse hinzukommt (Quellen) oder ausgelöscht wird (Senken). Die Größe $U(t)$ kann als Gesamtmasse des Systems zum Zeitpunkt t interpretiert werden.

1.1. DAS PAM BISHER

Eine andere Interpretation des parabolischen Anderson-Modells ist die einer verzweigenden Irrfahrt in zufälligem Potential. Man denke sich ein Partikel, das zum Zeitpunkt 0 im Ursprung startet und einer zeitstetigen symmetrischen Nächstnachbarschaftsirrfahrt mit Generator $\kappa\Delta$ folgt. Bei Aufenthalt im Punkt $z \in \mathbb{Z}^d$ kann es dort mit Rate $\xi^+(z) = \max\{\xi(z), 0\}$ zur Geburt eines neuen Partikels kommen, welches sich unabhängig von seinem „Elternpartikel" nach demselben Mechanismus wie dieses bewegt, während das Partikel mit Rate $\xi^-(z) = |\min\{\xi(z), 0\}|$ stirbt. Die Größe $u(t, z)$ ist dann die erwartete Anzahl von Partikeln zum Zeitpunkt t im Punkt z, wobei der Erwartungswert über die Irrfahrt und den Verzweigungsmechanismus gebildet wird, nicht aber über die Verteilung des Potentials ξ. Folglich ist $U(t)$ die erwartete Gesamtzahl von Partikeln im Raum zum Zeitpunkt t. Im Fall, dass fast sicher $\xi(0) < 0$ gilt, entspricht $U(t)$ der Überlebenswahrscheinlichkeit eines Partikels bis zum Zeitpunkt t. Genaueres zur Interpretation als verzweigende Irrfahrt findet man in dem Artikel [CM94], in welchem auch zeitabhängige Potentiale betrachtet werden.

1.1.3 Eigenschaften und bisherige Ergebnisse

Als Erstes sei auf den Übersichtsartikel [GK05] zum parabolischen Anderson-Modell verwiesen. Hier geht es insbesondere um die Eigenschaft der Intermittenz. Damit ist das geometrische Bild gemeint, dass die Hauptmasse der Lösung von (1.1) von kleinen, weit voneinander entfernten Inseln im Raum stammt, auf denen sowohl Potential als auch Lösung hohe Werte annehmen. Mathematisch definiert man Intermittenz über einen Vergleich der p-ten Momente, Näheres hierzu findet sich in [GM90]. Dort wird auch gezeigt, dass bereits unter der einfachen Voraussetzung eines nicht fast sicher konstanten Feldes Intermittenz vorliegt. In [GK05] wird das Bild der sogenannten relevanten Inseln weiter konkretisiert. Die Anzahl und Lage dieser Inseln sind zufällig und verändern sich mit der Zeit. Dagegen ist die Gestalt von Potential bzw. Lösung auf den Inseln – nach geeigneter Reskalierung – universell und deterministisch und hängt nur von den oberen Schwänzen der Potentialverteilung ab.

Probabilistische Betrachtung. Grundlage der meisten Beweise über die fast sichere Asymptotik von $U(t)$ sowie die Asymptotik der Erwartungswerte $\langle U(t)^p \rangle$ ist die folgende Darstellung der Lösung von (1.1) als Feynman–Kac-Formel, die in [GM90] bewiesen wurde:

$$u(t, z) = \mathbb{E}\Big[\exp\Big(\int_0^t \xi(X_s)\mathrm{d}s\Big) \mathbb{1}_{\{X_t=z\}}\Big].$$

Hierbei ist $X = (X_t)_{t\geq 0}$ die zeitstetige Irrfahrt im $\mathbb{Z}^d$ mit Start im Ursprung und Generator $\kappa\Delta$, d.h. mit Rate $2d\kappa$ bewegt sich die Irrfahrt von einem Punkt des $\mathbb{Z}^d$

zu einem der $2d$ Nachbarn mit jeweils gleicher Wahrscheinlichkeit. Diese Irrfahrt ist unabhängig von dem Feld ξ, sie wird auf einem anderen Wahrscheinlichkeitsraum definiert und $\mathbb{E}[\,\cdot\,]$ bezeichnet den Erwartungswert hinsichtlich der Irrfahrt.

Mittels Summierung über alle $z \in \mathbb{Z}^d$ zum Zeitpunkt $t > 0$ schreibt sich die Gesamtmasse als

$$U(t) = \sum_{z \in \mathbb{Z}^d} u(t,z) = \mathbb{E}\Big[\exp\Big(\int_0^t \xi(X_s)\mathrm{d}s\Big)\Big]. \tag{1.3}$$

Intuitiv stellt sich hier die Frage, für welche Realisierungen des Potentials dieser Erwartungswert besonders groß wird und welche Pfade der Irrfahrt den Hauptbeitrag daran leisten. Aus der annealed-Perspektive wäre die entsprechende Fragestellung die nach einer gemeinsamen Strategie von Potential und Irrfahrt, welche maßgeblich zum Erwartungswert $\langle U(t)^p \rangle$ beiträgt.

Man kann sich leicht vorstellen, dass nur die Punkte im $\mathbb{Z}^d$ mit den höchsten Potentialwerten (die relevanten Inseln) eine Rolle spielen, da diese für einen großen Exponenten und damit einen hohen Beitrag am Erwartungswert sorgen. Insbesondere wird die Asymptotik nur von den oberen Schwänzen der Verteilung von $\xi(0)$ abhängen. Für die Irrfahrt sind nun diejenigen Pfade besonders relevant, welche möglichst schnell zu diesen Punkten laufen und möglichst lange dort verweilen. Da die probabilistischen Kosten für solch ein Verhalten hoch sind, dürfen die relevanten Inseln nicht zu weit vom Ursprung entfernt und nicht zu klein sein. Es werden dann jene Pfade der Irrfahrt den Hauptbeitrag leisten, deren Lokalzeiten in den relevanten Inseln besonders hoch sind. Im annealed-Fall wird dieses Verhalten noch über die Verteilung des Feldes, d.h. über Lage und Anzahl der relevanten Inseln gemittelt, sodass man sich eine einzelne im Ursprung zentrierte Insel vorstellen kann, wo das Potential hohe Werte annimmt und die Lokalzeiten der Irrfahrt groß sind.

Dieses heuristische Bild findet sich in den asymptotischen Formeln für $U(t)$ bzw. für $\langle U(t)^p \rangle$ wieder. In [GM98] wurde die Lösung von (1.1) für Potentiale untersucht, welche doppeltexponentialverteilte oder noch dickere Schwänze haben. Auf einer exponentiellen Skala, die von der (deterministischen) Größe der relevanten Inseln abhängt, konnte die Asymptotik mittels einer Variationsformel beschrieben werden, deren Minimierer eine Entsprechung als reskalierte Lokalzeiten auf diesen Inseln besitzt. Ein ähnliches Ergebnis ergab sich in [BK01] für nach oben beschränkte Potentiale. Schließlich wurde in [HKM06] festgestellt, dass mit diesen beiden Ergebnissen bereits drei der vier Universalitätsklassen beschrieben waren, die sich aufgrund der Verteilung des Potentials ergeben. Eine Untersuchung der verbleibenden Klasse der sogenannten fast beschränkten Potentiale findet sich ebenfalls in [HKM06]. Da diese Klassifizierung eine wesentliche Grundlage für die Resultate dieser Arbeit darstellt, werden wir im folgenden Abschnitt näher darauf eingehen.

1.1. DAS PAM BISHER

Analytische Betrachtung. Betrachtet man das Problem (1.1) auf einer endlichen Teilmenge des $\mathbb{Z}^d$, sagen wir auf $B_R = [-R, R]^d \cap \mathbb{Z}^d$ mit Nullrandbedingungen, so kann seine Lösung mit Hilfe spektraltheoretischer Überlegungen explizit angegeben werden. Es seien $\kappa\Delta + \xi$ der (symmetrische) Andersonsche Hamiltonoperator auf B_R und $\lambda_1 \geq \ldots \geq \lambda_n$ seine Eigenwerte mit zugehöriger Basis aus Eigenfunktionen $e_1, \ldots, e_n$, wobei $n = |B_R|$. Dann ergibt sich

$$U(t) = \sum_{k=1}^{n} e^{t\lambda_k} (e_k, 1) e_k,$$

wobei $(\cdot, \cdot)$ das Skalarprodukt im $\mathbb{Z}^d$ bezeichnet. Unter einfachen Voraussetzungen an das Potential gilt eine solche Darstellung auch für die Lösung auf dem gesamten $\mathbb{Z}^d$. Dann kann man feststellen, dass die Asymptotik von $U(t)$ bzw. $\langle U(t)^p \rangle$ nur vom Haupteigenwert von $\kappa\Delta + \xi$ und damit nur von den oberen Schwänzen der Potentialverteilung abhängt. Näheres hierzu findet sich beispielsweise in [LMW05].

In diesem Zusammenhang ist auch die Eigenschaft der Anderson-Lokalisierung interessant, welche besagt, dass der Andersonsche Hamiltonoperator für fast alle Realisierungen von ξ ein reines Punktspektrum hat und alle Eigenfunktionen im Raum exponentiell schnell abfallen. Falls diese Eigenschaft erfüllt ist, liegt insbesondere Intermittenz vor.

Neben der Anwendung auf asymptotische Eigenschaften des PAM ist in der mathematischen Physik auch die Untersuchung des Spektrums von $\kappa\Delta + \xi$ an sich von Bedeutung, hierzu verweisen wir auf [CL90].

1.1.4 Die Universalitätsklassen

In diesem Abschnitt geben wir eine Zusammenfassung der Ergebnisse von [HKM06], welche die Basis für die Untersuchungen dieser Arbeit darstellen. Wir interessieren uns dabei ausschließlich für die Betrachtung des Erwartungswertes $\langle U(t) \rangle$. Für die analogen Resultate zu höheren Momenten und der fast sicheren Asymptotik sei auf den Originalartikel verwiesen.

Im Folgenden setzen wir die Diffusionskonstante $\kappa = 1$. Es werden zwei Regularitätsannahmen, Annahme H und Annahme K, für die Verteilung von $\xi(0)$ getroffen.

Annahme H. Es gibt eine stetige Funktion $K_H : (0, \infty) \to (0, \infty)$ sowie eine reellwertige Funktion $\hat{H} : (0, \infty) \to \mathbb{R}$ so, dass

$$\lim_{t \to \infty} \frac{H(ty) - yH(t)}{K_H(t)} = \hat{H}(y) \neq 0 \quad \text{für } y \neq 1. \tag{1.4}$$

Dies ist eine Annahme über Skalierungseigenschaften und asymptotische Gestalt der in (1.2) definierten Kumulantenerzeugenden $H(t)$, also insbesondere über die Verteilung der oberen Schwänze von $\xi(0)$. Aus der Theorie der regulären Funktionen weiß man, dass aus dieser Annahme bereits sehr konkrete Aussagen über die Funktionen K_H und $\hat{H}$ folgen. Insbesondere wird in [HKM06, Proposition 1.1] gezeigt, dass ein $\gamma \geq 0$ existiert, sodass K_H regulär variierend mit Parameter γ ist, d.h. für alle $y > 0$ gilt $\lim_{t\to\infty} K_H(yt)/K_H(t) = y^\gamma$. Außerdem gibt es ein $\rho > 0$ so, dass

$$\hat{H}(y) = \begin{cases} \rho y \log y & \text{falls } \gamma = 1, \\ \dfrac{\rho}{1-\gamma}(y - y^\gamma) & \text{falls } \gamma \neq 1 \end{cases} \tag{1.5}$$

für jedes $y > 0$ gilt.

Annahme K. Der Grenzwert $\lim_{t\to\infty} K_H(t)/t \in [0, \infty]$ existiert.

Diese Regularitätsannahme ist nur im Fall $\gamma = 1$ ist nötig, da aus Annahme H bereits die Asymptotik

$$K_H(t) = t^{\gamma + o(1)}, \quad t \to \infty, \tag{1.6}$$

folgt. Dies ist ein bekanntes Resultat über regulär variierende Funktionen, siehe auch Lemma 3.2.5. Somit gilt $K_H(t)/t \to 0$ für $\gamma < 1$ bzw. $K_H(t)/t \to \infty$ für $\gamma > 1$.

Vier Universalitätsklassen. In [HKM06] wurde unter den Annahmen H und K sowie ess sup $\xi(0) \in \{0, \infty\}$ das folgende Hauptresultat über das asymptotische Verhalten der erwarteten Gesamtmasse $\langle U(t) \rangle$ formuliert.

Es gibt eine Skalierungsfunktion $\alpha_t \colon (0, \infty) \to (0, \infty)$ und eine Zahl $\chi > 0$, die beide nur von (den oberen Schwänzen) der Verteilung von $\xi(0)$ (also von den Parametern γ und ρ) abhängen, sodass gilt:

$$\langle U(t) \rangle = \exp\left(\alpha_t^d H\left(\frac{t}{\alpha_t^d}\right) - \frac{t}{\alpha_t^2} \chi(1 + o(1))\right), \quad t \to \infty. \tag{1.7}$$

Die Funktion α_t ist so zu interpretieren, dass zum Zeitpunkt t die Gesamtmasse in einer Kugel um den Ursprung mit Durchmesser von Ordnung α_t, der sogenannten relevanten Insel, konzentriert ist. In diesem Bereich weist das Potential besonders hohe Werte auf. Die Zahl χ wird explizit durch eine Variationsformel gegeben, deren Minimierer eine Interpretation als Verteilung der (reskalierten) Masse innerhalb der (reskalierten) relevanten Insel hat. Wichtig ist hierbei die Universalität hinsichtlich der qualitativen Gestalt des Variationsproblems. In Abhängigkeit des Parameters γ und des Grenzwertes $\lim_{t\to\infty} K_H(t)/t$ erhält man eine vollständige Zerlegung der Menge aller unter den Annahmen H und K möglichen Verteilungen von $\xi(0)$ in nur vier Klassen, wobei ausschließlich die oberen Schwänze der Verteilungen eine Rolle spielen. Diese vier Universalitätsklassen sind im Einzelnen:

1.1. DAS PAM BISHER

(B) Nach oben beschränkte Potentiale.

Hierzu gehören alle Verteilungen mit $\gamma < 1$ und es wird angenommen, dass ess sup $\xi(0) = 0$ ist. Dann divergiert der Radius α_t für $t \to \infty$ und man erhält die Variationsformel

$$\chi_\gamma^{(B)}(\rho) = \inf_{\substack{g \in H^1(\mathbb{R}^d) \\ \|g\|_2 = 1}} \left\{ \int_{\mathbb{R}^d} |\nabla g|^2 + \frac{\rho}{1-\gamma} \int_{\mathbb{R}^d} (g^{2\gamma} - g^2) \right\}, \quad \rho > 0, \quad (1.8)$$

wobei $|\nabla g|^2 = \sum_{i=1}^d (\partial_i g)^2$. Dieses Variationsproblem wurde in [S09] analysiert und Existenz sowie Eindeutigkeit und kompakter Träger des Minimierers nachgewiesen. Im Fall $\gamma = 0$ ist das zweite Integral als $\int_{\mathbb{R}^d}(g^{2\gamma} - g^2) = |\text{supp } g| - 1$ zu interpretieren. Die Variationsformel und ihr Minimierer sind zum Beispiel in [DV75] explizit gegeben.

(FB) Fast beschränkte Potentiale.

Die Verteilung dieser Potentiale erfüllt $\gamma = 1$ und $\lim_{t \to \infty} K_H(t)/t = 0$. Das essentielle Supremum von $\xi(0)$ kann sowohl 0 als auch ∞ sein. Auch hier gilt $\alpha_t \to \infty$ für $t \to \infty$, allerdings ist der Radius asymptotisch kleiner als in der Klasse (B). Als Variationsformel erhält man

$$\chi^{(FB)}(\rho) = \inf_{\substack{g \in H^1(\mathbb{R}^d) \\ \|g\|_2 = 1}} \left\{ \int_{\mathbb{R}^d} |\nabla g|^2 - \rho \int_{\mathbb{R}^d} g^2 \log g^2 \right\}, \quad \rho > 0. \quad (1.9)$$

Der Minimierer dieses Problems ist bekannt und kann in expliziter Form (siehe [HKM06, Abschnitt 1.6]) angegeben werden. Es handelt sich hierbei um eine Gaußsche Dichte mit dem gesamten $\mathbb{R}^d$ als Träger.

(DE) Potentiale mit doppeltexponentiellen Schwänzen.

Zu dieser Klasse gehören alle Verteilungen mit $\gamma = 1$ und $\lim_{t \to \infty} K_H(t)/t \in (0, \infty)$. Der Radius α_t kann konstant gewählt werden und als Variationsformel ergibt sich die diskrete Version von $\chi^{(FB)}$,

$$\chi^{(DE)}(\rho) = \inf_{p \in \mathcal{M}_1(\mathbb{Z}^d)} \left\{ -\left(\Delta \sqrt{p}, \sqrt{p}\right) - \rho(p, \log p) \right\}, \quad \rho > 0, \quad (1.10)$$

wobei $\mathcal{M}_1(\mathbb{Z}^d) = \{p \colon \mathbb{Z}^d \to [0, \infty), \|p\|_1 = 1\}$ die Menge aller Wahrscheinlichkeitsmaße bezeichnet. Die Existenz und für große ρ auch die Eindeutigkeit des Minimierers wurden in [GH99] gezeigt, sein Träger ist der gesamte $\mathbb{Z}^d$.

(SP) Potentiale mit noch dickeren Schwänzen.

Alle übrigen Verteilungen, also jene mit $\gamma = 1$ und $\lim_{t \to \infty} K_H(t)/t = \infty$ sowie mit $\gamma > 1$, gehören zum sogenannten Single-Peak-Fall. Hier ist $\alpha_t = 1$ und die gesamte Masse bleibt im Ursprung. Es entsteht das ausgeartete Variationsproblem

$$\chi^{(SP)}(\rho) = 2d, \quad \rho > 0. \quad (1.11)$$

Diese Einteilung wurde in [HKM06] mit Diffusionskonstante $\kappa = 1$ dargestellt. Natürlich gelten ganz analoge Formeln, falls ein allgemeines $\kappa > 0$ betrachtet wird. Wie aber sieht es aus, wenn κ an die Zeit t gekoppelt wird? Das ist die zentrale Fragestellung dieser Arbeit. Im folgenden Abschnitt werden wir das von uns betrachtete verallgemeinerte Modell beschreiben und unsere wesentlichen Ergebnisse darstellen.

1.2 Das PAM mit Be- und Entschleunigung

1.2.1 Verallgemeinertes Modell und Hauptresultat

Anstelle von (1.1) betrachten wir im Folgenden für festes $t > 0$ das Modell

$$\frac{\partial}{\partial s}u^t(s,z) = \kappa(t)\Delta u^t(s,z) + \xi(z)u^t(s,z), \quad s > 0,\, z \in \mathbb{Z}^d,$$
$$u^t(0,\cdot) = \mathbb{1}_0.$$

Dabei ist κ eine positive Funktion mit $\lim_{t\to\infty} t\kappa(t) = \infty$. Wir koppeln den Zeitparameter s des Modells mit dem Parameter t, indem wir die Lösung $u^t(\cdot, z)$ zum Zeitpunkt t betrachten. Insbesondere interessieren wir uns für die Asymptotik der Gesamtmasse

$$U(t) = \sum_{z \in \mathbb{Z}^d} u^t(t,z)$$

für $t \to \infty$. Je nachdem, ob $\kappa(t)$ asymptotisch schneller oder langsamer als eine Konstante läuft, beschreibt dieses Modell eine Beschleunigung oder Verlangsamung der Massendiffusion. Intuitiv sollte die Folge eine Vergrößerung bzw. Verkleinerung der Radien der relevanten Inseln sein. Die Frage ist, ob sich das Verhalten des Modells weiterhin mit der Formel (1.7) beschreiben lässt oder ob neue Effekte auftreten.

Wir führen folgende Notationen für zwei t-abhängige Ausdrücke f_t und g_t ein:

$$f_t \gg g_t \iff \lim_{t\to\infty} \frac{f_t}{g_t} = \infty,$$
$$f_t \asymp g_t \iff \lim_{t\to\infty} \frac{f_t}{g_t} \in (0,\infty),$$
$$f_t \succeq g_t \iff f_t \gg g_t \text{ oder } f_t \asymp g_t.$$

Entsprechend zu $\gg$ und $\succeq$ sind die Symbole $\ll$ und $\preceq$ zu verstehen.

Fünf Phasen. Wir geben hier eine heuristische Zusammenfassung unserer Ergebnisse, die exakte Formulierung erfolgt in Abschnitt 2.1. Wie im Originalmodell arbeiten wir unter der in (1.4) getroffenen Annahme H an die Kumulantenerzeugende des Potentials; dagegen wird Annahme K durch Regularitätsbedingungen an die Funktion $\kappa(t)$ ersetzt, welche wir in Abschnitt 2.1.1 spezifizieren werden.

1.2. DAS PAM MIT BE- UND ENTSCHLEUNIGUNG

Wir unterscheiden qualitative Unterschiede im asymptotischen Verhalten der erwarteten Gesamtmasse $\langle U(t) \rangle$, die wir an zwei kritische Skalen für $\kappa(t)$ festmachen können: erstens $K_H(t)/t$ und zweitens $t^{2/d}$. Solange $\kappa(t) \ll t^{2/d}$ ist, gilt mit geeigneter Funktion α_t und in Abhängigkeit von der Größenordnung von $K_H(t)/(t\kappa(t))$ weiterhin das Ergebnis (1.7), wobei wir unsere Sammlung an Variationsformeln um eine ergänzen müssen. Dagegen tritt in den Fällen $\kappa(t) \asymp t^{2/d}$ und $\kappa(t) \gg t^{2/d}$ ein grundsätzlich verändertes Verhalten auf. Je nachdem, in welchem Verhältnis die Skalen $K_H(t)/t$ und $t^{2/d}$ zueinander stehen, lassen sich bis zu fünf Phasen unterteilen.

Phase 1: $\kappa(t) \ll K_H(t)/t$.

Dann ist die Diffusion so stark gebremst, dass die Masse im Ursprung bleibt, und wir erhalten Formel (1.7) mit $\chi^{(\mathrm{SP})}$.

Phase 2: $\kappa(t) \asymp K_H(t)/t$.

Der Radius der relevanten Inseln ist von endlicher Größenordnung und wir erhalten (1.7) mit einer diskreten Variationsformel. Im Fall $\gamma = 1$ ist das genau $\chi^{(\mathrm{DE})}$, für den Fall $\gamma \neq 1$ stoßen wir auf ein neues Variationsproblem, welches das diskrete Analogon zu $\chi_\gamma^{(\mathrm{B})}$ ist:

$$\chi_\gamma^{(\mathrm{DB})}(\rho) = \inf_{p \in \mathcal{M}_1(\mathbb{Z}^d)} \left\{ -\left(\Delta \sqrt{p}, \sqrt{p}\right) + \frac{\rho}{1-\gamma}(p^\gamma - p, 1) \right\}. \tag{1.12}$$

Für $\gamma = 0$ ist im zweiten Term $(p^\gamma, 1) = |\mathrm{supp}\, p|$.

Phase 3: $K_H(t)/t \ll \kappa(t) \ll t^{2/d}$.

Weiterhin ist (1.7) gültig, und zwar mit einer Funktion $1 \ll \alpha_t \ll t^{1/d}$ und einer der Variationsformeln $\chi^{(\mathrm{FB})}$ oder $\chi_\gamma^{(\mathrm{B})}$, je nachdem ob $\gamma = 1$ oder $\gamma \neq 1$ ist.

Phase 4: $\kappa(t) \asymp t^{2/d}$.

Die Diffusion ist nun zu einer so hohen Geschwindigkeit gezwungen, dass es sich nicht mehr lohnt, nur die höchsten Potentialwerte zu besuchen, daher gilt nicht mehr Formel (1.7), welche nur von den Schwänzen der Verteilung von $\xi(0)$ abhängt. Stattdessen besteht die Strategie des Feldes darin, in einer sehr großen Kugel Werte anzunehmen, die oberhalb des Erwartungswertes $\langle \xi(0) \rangle = 0$ liegen, und die Hauptmasse ist asymptotisch in dieser Kugel konzentriert. Der Radius der relevanten Insel ist von Größenordnung $\alpha_t \asymp t^{1/d}$. Wir erhalten die Variationsformel $\chi_H^{(\mathrm{RWRS})}$, siehe (2.9), welche von der Kumulantenerzeugenden H und nicht nur von ihrer asymptotischen Gestalt abhängt. Das Verhalten in dieser Phase erinnert an Resultate zu Random Walk in Random Scenery. Tatsächlich ist der Beweis stark an ein Ergebnis aus [GKS07] angelehnt, welches große Abweichungen für ein RWRS-Modell mittels einer $\chi_H^{(\mathrm{RWRS})}$ nicht ganz unähnlichen Variationsformel beschreibt.

Phase 5: $\kappa(t) \gg t^{2/d}$.

Hier gelten weder die Voraussetzungen für ein PAM-typisches Verhalten noch ein RWRS-Resultat wie in Phase 4. Welcher Effekt an deren Stelle tritt, ist bis jetzt noch eine offene Frage.

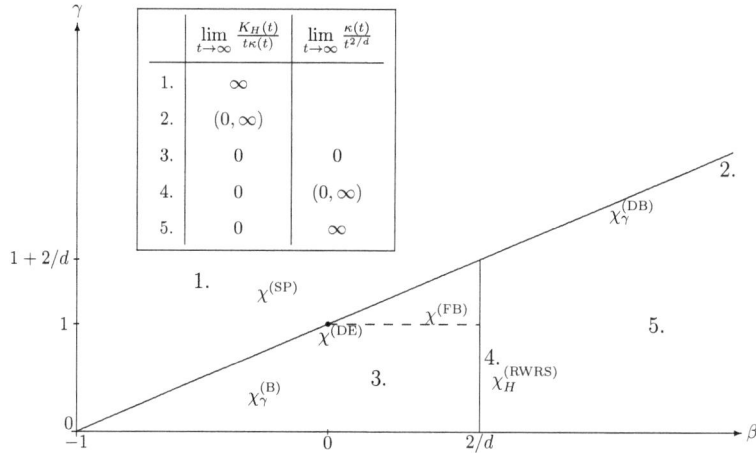

Abbildung 1: Phasendiagramm für das erweiterte PAM

Die obige Einteilung in fünf Phasen ist nur für diejenigen Potentialverteilungen gültig, für welche $K_H(t)/t \ll t^{2/d}$ gilt. Unter Annahme H ist das automatisch der Fall für die ersten drei der vier in Abschnitt 1.1.4 beschriebenen Universalitätsklassen aus [HKM06], d.h. für (B), (FB) und (DE), sowie für einen Teil der (SP)-Universalitätsklasse. Für die übrigen Verteilungen, bei denen also $K_H(t)/t \succeq t^{2/d}$ gilt, treten die Phasen 1 bzw. 2 ein, solange $\kappa(t) \ll K_H(t)/t$ bzw. $\kappa(t) \asymp K_H(t)/t$ ist (also auch wenn $\kappa(t) \succeq t^{2/d}$ gilt), die Phasen 3 und 4 entfallen. Was dann für $\kappa(t) \gg K_H(t)/t$ passiert, ist noch nicht geklärt; vermutlich treten hier dieselben (unbekannten) Effekte der Phase 5 auf.

Einen Überblick über die fünf Phasen gibt Abbildung 1. Unter der Annahme, dass unsere Geschwindigkeitsfunktion die Asymptotik $\kappa(t) = t^{\beta+o(1)}$ mit einem Parameter $\beta \geq -1$ erfüllt, werden dort die Phasen in Abhängigkeit von β und dem Skalierungsparameter γ der Kumulantenerzeugenden des Potentials dargestellt. Die einzelnen Phasen ergeben sich gemäß der Größenordnung von $K_H(t)/t = t^{\gamma-1+o(1)}$ im Vergleich zu $\kappa(t)$. Innerhalb der entsprechenden Phasen bestimmt dann die Unterscheidung $\gamma = 1$ bzw. $\gamma \neq 1$ die genaue Gestalt des zugehörigen Variationsproblems.

Die bisherigen Universalitätsklassen ordnen sich nun als Spezialfall $\kappa(t) \asymp 1$, d.h. für $\beta = 0$ ein: Im Punkt $\beta = 0$, $\gamma = 1$ treffen sich die Klassen der fast beschränkten Potentiale (FB) und der Potentiale mit doppelexponentiellen Schwänzen (DE), wobei bei (FB) $K_H(t)/t \ll 1$ ist und folglich das ursprüngliche PAM mit $\kappa(t) \asymp 1$ in Phase 3 fällt, während bei (DE) $K_H(t)/t \asymp 1$ gilt, also Phase 2. Es resultieren

1.2. DAS PAM MIT BE- UND ENTSCHLEUNIGUNG

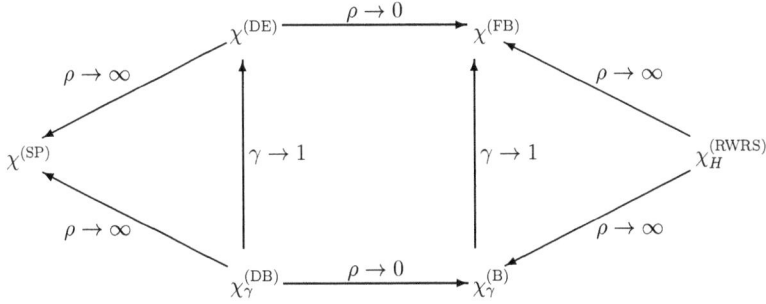

Abbildung 2: Konvergenz der Variationsprobleme

die Variationsformeln $\chi^{(FB)}$ bzw. $\chi^{(DE)}$. Die nach oben beschränkten Potentiale (B) erfüllen ebenfalls $K_H(t)/t \ll 1$, d.h. das PAM mit $\kappa(t) \asymp 1$ ist Phase 3 zuzuordnen, aber da wir hier $\gamma \neq 1$ haben, erhalten wir die entsprechende Variationsformel $\chi_\gamma^{(B)}$. Schließlich gibt es in Universalitätsklasse (SP) sowohl Potentiale mit $\gamma = 1$ als auch mit $\gamma \neq 1$, in jedem Fall gilt jedoch $K_H(t)/t \gg 1$, daher fällt $\kappa(t) \asymp 1$ immer in Phase 1 und wir landen bei $\chi^{(SP)}$.

Diese Verallgemeinerung des parabolischen Anderson-Modells führt nun dazu, dass auch bei Potentialen aus bestimmten Universalitätsklassen in der asymptotischen Gestalt der Lösung Variationsformeln auftreten können, die ursprünglich Potentialen mit dickeren bzw. dünneren Schwänzen zugeordnet waren. Dies wird jeweils erreicht, indem man von konstanter Geschwindigkeit zu zeitabhängigen Sprungraten übergeht, wobei die Rate gegen Null bzw. gegen Unendlich konvergiert.

1.2.2 Weitere Resultate dieser Arbeit

Da die einzelnen Phasen für $\kappa(t)$ lückenlos ineinander übergehen, kann man sich vorstellen, dass auch die einzelnen Variationsformeln in geeigneter Form gegeneinander konvergieren. Diese Zusammenhänge werden im zweiten Teil dieser Arbeit betrachtet. Abbildung 2 gibt eine Zusammenfassung aller Konvergenzbeziehungen.

Der wichtigste kritische Parameter für die Konvergenz der Variationsformeln ist ρ. Mit dem Grenzübergang $\rho \to 0$ gelangt man in der Kategorie $\gamma = 1$ von $\chi^{(DE)}$ zu $\chi^{(FB)}$ und in der Kategorie $\gamma \neq 1$ von $\chi_\gamma^{(DB)}$ zu $\chi_\gamma^{(B)}$. Die erste Aussage wurde schon in [HKM06] bewiesen, die zweite wird hier in einem technisch recht aufwändigen Beweis gezeigt. Dagegen ist für $\rho \to \infty$ das triviale Variationsproblem $\chi^{(SP)}$ Grenzfall sowohl von $\chi^{(DE)}$ als auch von $\chi_\gamma^{(DB)}$. Am anderen Ende der Skala lässt sich auch der

Übergang des RWRS-Variationsproblems zu $\chi^{(\mathrm{FB})}$ bzw. $\chi_\gamma^{(\mathrm{B})}$ zumindest heuristisch herbeiführen, wenn man den dort auftretenden Parameter in geeigneter Weise gegen Unendlich schickt.

Eine zweite Konvergenzrichtung ist die der Variationsformeln mit $\gamma \neq 1$ gegen jene mit $\gamma = 1$. In [HKM06] wurde bereits gezeigt, dass $\lim_{\gamma \to 1} \chi_\gamma^{(\mathrm{B})} = \chi^{(\mathrm{FB})}$ gilt. Analog kann auch die Beziehung $\lim_{\gamma \to 1} \chi_\gamma^{(\mathrm{DB})} = \chi^{(\mathrm{DE})}$ hergeleitet werden.

Das Variationsproblem $\chi_\gamma^{(\mathrm{DB})}$ taucht in dieser Arbeit erstmalig auf, verlangt also nach einer Untersuchung hinsichtlich Existenz und Eindeutigkeit des Minimierers. Die Existenzfrage wird in dieser Arbeit für einen großen Teil aller γ positiv beantwortet, die Frage nach Eindeutigkeit muss hier offen gelassen werden. Dafür gibt es einen interessanten Phasenübergang in Bezug auf den Träger eines Minimierers. Für $\gamma \leq 1/2$ ist dieser endlich, für $\gamma > 1/2$ ist es der ganze $\mathbb{Z}^d$.

Kapitel 2

Ergebnisse und Heuristik

2.1 Formulierung der Ergebnisse

2.1.1 Grundsätzliche Annahmen

Annahmen an das Potential. Gegeben sei ein Feld $(\xi(z))_{z\in\mathbb{Z}^d}$ von unabhängigen, identisch verteilten Zufallsvariablen, die nicht fast sicher konstant sind und

$$H(t) = \log\langle e^{t\xi(0)}\rangle < \infty$$

für alle $t > 0$ erfüllen. Außerdem treffen wir die in Abschnitt 1.1.4 definierte Annahme H und erinnern an ihre Konsequenzen. Aus praktischen Gründen verändern wir die Notation ein wenig: Der Funktion $\hat{H}$ aus (1.5) entspricht jetzt die Funktion $\rho\hat{H}$. Zusammenfassend haben wir somit die folgende Grundannahme für alle Hauptergebnisse.

Annahme 2.1.1. Es existieren Parameter $\gamma \geq 0$ und $\rho > 0$ sowie eine stetige Funktion $K_H \colon (0,\infty) \to (0,\infty)$ so, dass für alle $y > 0$

$$\lim_{t\to\infty} \frac{H(ty) - yH(t)}{K_H(t)} = \rho\hat{H}(y) \tag{2.1}$$

mit

$$\hat{H}(y) = \begin{cases} y\log y & \text{falls } \gamma = 1, \\ \dfrac{y - y^\gamma}{1 - \gamma} & \text{falls } \gamma \neq 1. \end{cases} \tag{2.2}$$

Wir setzen $\hat{H}(0) = 0$, sodass (2.1) für alle $y \geq 0$ erfüllt ist.

Aus dieser Grundannahme ergeben sich gemäß [BGT87, Abschnitt 3] weitere Eigenschaften.

Proposition 2.1.2. *Unter Annahme 2.1.1 gelten:*

(a) *Die Konvergenz (2.1) ist gleichmäßig auf kompakten Teilmengen von $[0, \infty)$.*

(b) *Die Funktion K_H ist regulär variierend mit Parameter γ.*

(c) *Es gelte* ess sup $\xi(0) \in \{0, \infty\}$. *Dann variiert auch H regulär mit Parameter γ und es ist*

$$H(t) = \frac{1}{\gamma - 1} K_H(t)(1 + o(1)) \quad \text{im Fall } \gamma \neq 1$$
$$\text{sowie} \quad H(t) \gg K_H(t) \quad \text{im Fall } \gamma = 1. \tag{2.3}$$

(d) *Es gelte $\langle \xi(0) \rangle = 0$. Dann ist H regulär variierend mit Parameter $\gamma \vee 1$.*

Die Voraussetzung ess sup $\xi(0) \in \{0, \infty\}$ wird sich in den Phasen 1–3 als günstig erweisen, dagegen arbeiten wir in Phase 4 unter der Voraussetzung $\langle \xi(0) \rangle = 0$. Die Ergebnisse der entsprechenden Theoreme ändern sich durch diese Voraussetzungen nicht wesentlich. Proposition 2.1.2 kann analog [HKM06, Proposition 1.1] bewiesen werden. Die Aussage über den Index der regulären Variation von H folgt aus [BGT87, Theorem 3.6.6].

Annahmen an die Geschwindigkeitsfunktion. Wir definieren eine Funktion $\kappa(t) \gg t^{-1}$, welche die folgenden Voraussetzungen erfüllt:

- Der Grenzwert $\lim_{t \to \infty} t\kappa(t)/K_H(t) \in [0, \infty]$ existiert.
- Der Grenzwert $\lim_{t \to \infty} \kappa(t)/t^{2/d} \in [0, \infty]$ existiert.

Diese Bedingungen verallgemeinern die in Abschnitt 1.1.4 getroffene Annahme K. Für eines unserer Ergebnisse (Theorem 2.1.6 zu Phase 3) werden wir unter der zusätzlichen Bedingung arbeiten, dass $\kappa(t)$ regulär variiert.

Modell. Wir untersuchen das parabolische Anderson-Modell mit Sprungrate $\kappa(t)$,

$$\frac{\partial}{\partial s} u^t(s, z) = \kappa(t) \Delta u^t(s, z) + \xi(z) u^t(s, z), \quad s > 0, \, z \in \mathbb{Z}^d, \tag{2.4}$$
$$u^t(0, \cdot) = \mathbb{1}_0.$$

Existenz und Eindeutigkeit einer nichtnegativen Lösung ergibt sich für festes $t > 0$ aus [GM90, Theorem 2.1]. Unser Hauptinteresse gilt der Gesamtmasse zum Zeitpunkt $s = t$,

$$U(t) = \sum_{z \in \mathbb{Z}^d} u^t(t, z). \tag{2.5}$$

2.1. FORMULIERUNG DER ERGEBNISSE

In den nun folgenden Abschnitten 2.1.2–2.1.4 werden wir die exponentielle Asymptotik des Erwartungswertes $\langle U(t) \rangle$ in Abhängigkeit von der Größenordnung der Geschwindigkeitsfunktion $\kappa(t)$ beschreiben. In Abschnitt 1.2.1 haben wir bereits erläutert, dass sich eine Einteilung in fünf Phasen ergibt. Wir werden das Ergebnis zu Phase 1 in Theorem 2.1.3 formulieren, Phase 2 in Theorem 2.1.4, Phase 3 in Theorem 2.1.6 und Phase 4 in Theorem 2.1.7; Phase 5 bleibt als Ziel weiterer Forschung offen. Die Abschnitte 2.1.5 und 2.1.6 analysieren die in den einzelnen Theoremen auftretenden Variationsprobleme und insbesondere ihren Zusammenhang untereinander.

2.1.2 Phasen 1 und 2: $\kappa(t) \ll K_H(t)/t$ und $\kappa(t) \asymp K_H(t)/t$

Wir nehmen in diesem und dem folgenden Abschnitt $\operatorname{ess\,sup} \xi(0) \in \{0, \infty\}$ an. Das ist keine echte Einschränkung, denn für $\xi(0) + c$ mit Kumulantenerzeugender H_c gilt $H_c(t) = ct + H(t)$, sodass die durch (2.1) gegebenen Parameter γ und ρ dieselben bleiben und sich alle hier gebrachten Ergebnisse ohne diese Annahme nur um Konstanten verändern.

Betrachten wir als Erstes die Phase 1 der Unterteilung in Abschnitt 1.2.1. Wir erinnern an das ausgeartete Variationsproblem $\chi^{(\mathrm{SP})}(\rho) = \chi^{(\mathrm{SP})} = 2d$.

Theorem 2.1.3 (Phase 1). *Es gelten die Annahmen aus Abschnitt 2.1.1 mit $\kappa(t) \ll K_H(t)/t$. Außerdem sei $\operatorname{ess\,sup} \xi(0) \in \{0, \infty\}$. Dann haben wir für $t \to \infty$*

$$\langle U(t) \rangle = \exp\bigl(H(t) - t\kappa(t)\,\chi^{(\mathrm{SP})}(\rho)(1 + o(1))\bigr) = \exp\bigl(H(t) - 2dt\kappa(t)(1 + o(1))\bigr).$$

Das ist der sogenannte Single-Peak-Fall, in welchem sich die Hauptmasse in einem Punkt konzentriert. In der exponentiellen Asymptotik lässt sich der erste Term $H(t)$ als Beitrag des höchsten Potentialwertes interpretieren, der zweite Term $2dt\kappa(t)$ als die probabilistischen Kosten für das Verweilen der Masse im Ursprung. Ein Vergleich dieser beiden Terme ergibt, dass wegen (2.3) und der Voraussetzung $t\kappa(t) \ll K_H(t)$ der erste Term von höherer Größenordnung ist.

Wir werden Theorem 2.1.3 in Abschnitt 4.1 beweisen.

Auch in Phase 2 erhalten wir ein diskretes Ergebnis, allerdings verteilt sich die Masse hier auf den gesamten $\mathbb{Z}^d$. Es sei

$$\chi^{\mathrm{d}}_\gamma(\rho) = \begin{cases} \chi^{(\mathrm{DE})}(\rho) & \text{falls } \gamma = 1, \\ \chi^{(\mathrm{DB})}_\gamma(\rho) & \text{falls } \gamma \neq 1, \end{cases} \qquad (2.6)$$

wobei wir an die diskreten Variationsprobleme $\chi^{(\mathrm{DE})}$ bzw. $\chi^{(\mathrm{DB})}_\gamma$ in (1.10) bzw. (1.12) erinnern.

Theorem 2.1.4 (Phase 2). *Falls* $\operatorname{ess\,sup} \xi(0) \in \{0, \infty\}$ *und die Annahmen aus Abschnitt 2.1.1 mit* $\kappa(t) \asymp K_H(t)/t$ *erfüllt sind, gilt für* $t \to \infty$

$$\langle U(t) \rangle = \exp\left(H(t) - t\kappa(t)\chi_\gamma^{\mathrm{d}}\left(\frac{\rho}{\kappa_*}\right)(1 + o(1))\right),$$

wobei $\kappa_* = \lim_{t \to \infty} \frac{t\kappa(t)}{K_H(t)} \in (0, \infty)$.

Wegen (2.3) gilt $H(t) \succeq K_H(t) \asymp t\kappa(t)$ und der erste Term im Exponenten dominiert genau dann, wenn $\gamma = 1$ ist, andernfalls sind die beiden Summanden von gleicher Größenordnung.

Den Beweis zu Theorem 2.1.4 geben wir in Abschnitt 4.2.

2.1.3 Phase 3: $K_H(t)/t \ll \kappa(t) \ll t^{2/d}$

Die Theoreme 2.1.3 und 2.1.4 gelten unabhängig davon, ob $K_H(t)/t$ asymptotisch größer oder kleiner als $t^{2/d}$ ist. Für das Auftreten der in diesem und im folgenden Abschnitt betrachteten Phasen ist dagegen die Voraussetzung $K_H(t)/t \ll t^{2/d}$ notwendig. Daher klären wir zunächst, welche Potentialverteilungen diese erfüllen.

Aufgrund der regulären Variation der Funktion K_H haben wir die Asymptotik (1.6). Daher impliziert $K_H(t)/t \ll \kappa(t)$, dass $\kappa(t) \succeq t^{\gamma-1}$ gelten muss. Soll gleichzeitig $\kappa(t) \ll t^{2/d}$ erfüllt sein, so haben wir notwendigerweise $\gamma \leq 1 + 2/d$. Aus beweistechnischen Gründen ist es in Phase 3 nützlich vorauszusetzen, dass $\kappa(t)$ regulär variiert mit einem Parameter β, wobei wir $\gamma - 1 < \beta < 2/d$ fordern. Ein solches $\kappa(t)$ existiert, sobald $\gamma < 1 + 2/d$ gilt. Diese Phase wird also nur für einen Teil der (SP)-Universalitätsklasse ausgeschlossen, für alle anderen Potentiale haben wir $\gamma \leq 1$. In den Fällen mit $K_H(t)/t \succeq t^{2/d}$ schließt sich an die Phasen 1 und 2 bereits die (noch unerforschte) Phase $\kappa(t) \gg K_H(t)/t \succeq t^{2/d}$ an.

Im Gegensatz zu den im vorigen Abschnitt beschriebenen Phasen 1 und 2 wird sich die Gesamtmasse in Phase 3 so schnell ausbreiten, dass wir nach Reskalierung ein stetiges Ergebnis erhalten. Um eine geeignete räumliche Skalierungsfunktion $\alpha(t) = \alpha_t$ zu finden, betrachten wir die folgende Fixpunktgleichung:

$$K_H\left(\frac{t}{\alpha_t^d}\right) = \frac{t\kappa(t)}{\alpha_t^{d+2}}. \tag{2.7}$$

Existenz und die wichtigsten asymptotischen Eigenschaften der Lösung α_t ergeben sich aus dem folgenden Lemma, für dessen Beweis das wesentliche Hilfsmittel die Theorie der regulären Funktionen ist. Die wichtigsten Sätze hierzu werden wir in Abschnitt 3.2.3 wiederholen. Der Beweis des Lemmas erfolgt dann in Abschnitt 4.3.

Lemma 2.1.5. *Es gelten die Annahmen aus Abschnitt 2.1.1. Zusätzlich sei* $\kappa(t)$ *regulär variierend mit Parameter* $\beta \in (\gamma-1, 2/d)$ *und damit insbesondere* $K_H(t)/t \ll \kappa(t) \ll t^{2/d}$.

2.1. FORMULIERUNG DER ERGEBNISSE

(a) *Es gibt eine Funktion* $\alpha\colon (0,\infty) \to (0,\infty)$, *welche* (2.7) *für alle hinreichend großen* t *erfüllt.*

(b) *Die Lösung* $\alpha(t) = \alpha_t$ *ist regulär variierend mit Index* $\frac{1-\gamma+\beta}{2+d(1-\gamma)} > 0$, *insbesondere gilt* $\alpha_t \gg 1$ *für* $t \to \infty$.

(c) *Es gilt* $\alpha_t^d \ll t^{1-\varepsilon}$ *für ein* $\varepsilon > 0$, *insbesondere folgt* $t/\alpha_t^d \gg 1$.

(d) *Es ist* $\alpha_t^x \ll t\kappa(t)$ *für jedes* $x < d+2$, *im Fall* $\gamma > 0$ *auch für* $x = d+2$.

Der Index der regulären Variation von α_t setzt sich zusammen aus dem Index β von $\kappa(t)$ und dem Index γ von $K_H(t)$; für $\beta = 0$ ergibt sich der Variationsindex für die in [HKM06] auftauchende Funktion α_t.

Es ist erwähnenswert, dass die Asymptotik in Lemma 2.1.5(b) auf der Voraussetzung $\kappa(t) \gg K_H(t)/t$ beruht, während die Aussage (c) gilt, solange $\kappa(t) \ll t^{2/d}$ ist. Daher resultieren auch die entsprechenden Phasenübergänge an diesen Grenzen: Wenn $\kappa(t) \asymp K_H(t)/t$ ist (Phase 2), wird die Skalierungsfunktion, welche als Durchmesser der relevanten Inseln interpretiert werden kann, nicht mehr unendlich, daher wird das Ergebnis durch eine diskrete Variationsformel beschrieben. Ist dagegen der Grenzfall $\kappa(t) \asymp t^{2/d}$ erreicht (Phase 4), so konvergiert das Zeit-Raum-Verhältnis t/α_t^d nicht mehr gegen Unendlich, was bedeutet, dass die relevanten Inseln sehr groß werden. Insbesondere spielen dann so viele Potentialwerte eine Rolle, dass nicht nur die oberen Schwänze der Potentialverteilung von Bedeutung sind.

Mit Hilfe der Skalierungsfunktion α_t lässt sich nun das Hauptergebnis dieses Abschnitts formulieren. Es sei

$$\chi_\gamma^c(\rho) = \begin{cases} \chi^{(\mathrm{FB})}(\rho) & \text{falls } \gamma = 1, \\ \chi_\gamma^{(\mathrm{B})}(\rho) & \text{falls } \gamma \neq 1, \end{cases} \tag{2.8}$$

mit $\chi^{(\mathrm{FB})}$ und $\chi_\gamma^{(\mathrm{B})}$ aus (1.9) und (1.8).

Theorem 2.1.6 (Phase 3). *Es gelten die Voraussetzungen von Lemma 2.1.5 sowie* $\operatorname{ess\,sup} \xi(0) \in \{0, \infty\}$. *Außerdem fordern wir* $K_H(t) \gg \log t$ *und* $\gamma < 2$. *Dann gilt für* $t \to \infty$:

$$\langle U(t) \rangle = \exp\Big(\alpha_t^d H\Big(\frac{t}{\alpha_t^d}\Big) - \frac{t\kappa(t)}{\alpha_t^2}\chi_\gamma^c(\rho)(1+o(1))\Big).$$

Im Fall $\gamma = 1$ ist aufgrund von (2.3) und (2.7) der erste Term dominant, während im Fall $\gamma \neq 1$ die beiden Terme von gleicher Größenordnung sind. Die beiden Zusatzvoraussetzungen sind technischer Natur, um die Beweise zu erleichtern. Die Voraussetzung $K_H(t) \gg \log t$ ist für $\gamma > 0$ automatisch erfüllt, da K_H regulär variierend mit Parameter γ ist. Die Anforderung $\gamma < 2$ ist wegen der in Phase 3 erfüllten Bedingung $\gamma < 1 + 2/d$ nur in Dimension 1 eine Einschränkung.

Theorem 2.1.6 beweisen wir in Abschnitt 4.3; eine heuristische Erklärung für dieses Ergebnis findet sich in Abschnitt 2.2.3.

2.1.4 Phase 4: $K_H(t)/t \ll \kappa(t) \asymp t^{2/d}$

Wir betrachten weiterhin nur die Verteilungen mit $\gamma \leq 1 + 2/d$, denn wie zu Beginn des vorherigen Abschnitts erläutert, gilt andernfalls $K_H(t)/t \succeq t^{2/d}$, sodass der betrachtete Fall gar nicht auftritt.

In Phase 4 setzen wir $\langle \xi(0) \rangle = 0$ voraus. Mit einem beliebigen endlichen Erwartungswert ändert sich unser Ergebnis lediglich um eine Konstante: Wenn wir $\xi(0)$ durch $\xi(0) + c$ mit Kumulantenerzeugender H_c ersetzen, so ist $H_c(t) = ct + H(t)$ und in der folgenden Aussage haben wir dann $\chi_{H_c}^{(\mathrm{RWRS})}(1/\kappa^*) = \chi_H^{(\mathrm{RWRS})}(1/\kappa^*) - c/\kappa^*$.

Theorem 2.1.7 (Phase 4). *Sei $\gamma \in [0, 1 + 2/d)$, $\gamma < 2$. Es gelte $K_H(t)/t \ll \kappa(t) \asymp t^{2/d}$ und $\langle \xi(0) \rangle = 0$. Dann gilt für $t \to \infty$*

$$\langle U(t) \rangle = \exp\left(-t\kappa^* \chi_H^{(\mathrm{RWRS})}\left(\frac{1}{\kappa^*}\right)(1 + o(1))\right)$$

mit $\kappa^* = \lim_{t\to\infty} \frac{\kappa(t)}{t^{2/d}} \in (0, \infty)$ und dem Variationsproblem

$$\chi_H^{(\mathrm{RWRS})}(\theta) = \inf_{\substack{g \in \mathrm{H}^1(\mathbb{R}^d) \\ \|g\|_2 = 1}} \left\{ \int_{\mathbb{R}^d} |\nabla g|^2 - \theta \int_{\mathbb{R}^d} H \circ g^2 \right\}, \quad \theta > 0. \tag{2.9}$$

Ebenso wie in Theorem 2.1.6 ignorieren wir aus technischen Gründen den Randfall $\gamma = 1 + 2/d$ und fordern $\gamma < 2$, was aber nur in Dimension 1 eine Einschränkung ist.

Der Beweis von Theorem 2.1.7 erfolgt in Abschnitt 4.4, eine heuristische Herleitung gibt es in Abschnitt 2.2.4. Die Abkürzung RWRS steht für Random Walk in Random Scenery, wobei der genaue Zusammenhang zu diesen Modellen klar wird, wenn man die Variationsformel umformt, was wir im Rahmen einer zweiten Heuristik in Abschnitt 2.2.5 tun werden. Grob gesagt, besteht die beste Strategie der Diffusion noch immer darin, auf einer relevanten Insel zu bleiben, welche hier einen Radius von Größenordnung $\alpha_t = t^{1/d}$ hat. Allerdings ist es für das Potential zu teuer, auf der gesamten Insel besonders hohe Werte anzunehmen. Es begnügt sich damit, zumindest überall besser als der Erwartungswert $\langle \xi(0) \rangle = 0$ zu sein; die Kosten hierfür erklären den zweiten Term in der auftretenden Variationsformel.

Zusammenfassend gibt Abbildung 1 in Abschnitt 1.2.1 eine Darstellung aller auftretenden Phasen des erweiterten parabolischen Anderson-Modells in Abhängigkeit der beiden Parameter γ für $K_H(t)$ und β für $\kappa(t)$. Genauer ist γ der Index der regulären Variation von $K_H(t)$, d.h. insbesondere gilt $K_H(t) = t^{\gamma + o(1)}$, und entsprechend definiert sich β über die Asymptotik $\kappa(t) = t^{\beta + o(1)}$ (im Fall der Phase 3 ist β auch der Parameter der regulären Variation von $\kappa(t)$). Speziell findet man für $\beta = 0$ die Universalitätsklassen des ursprünglichen PAM wieder. Man beachte, dass die exakten Grenzen eigentlich noch von der genauen Asymptotik der auftretenden $o(1)$ abhängen. Zum Beispiel gilt im Schnittpunkt $\gamma = 1$, $\beta = 0$, dass

2.1. FORMULIERUNG DER ERGEBNISSE

$t\kappa(t)/K_H(t) = t^{o(1)}$ ist. Somit befinden sich hier sowohl die Universalitätsklasse der doppeltexponentialverteilten Potentiale (wenn $\kappa(t) \asymp K_H(t)/t$) als auch die „linke Grenze" der fast beschränkten Potentiale (wenn $\kappa(t) \gg K_H(t)/t$) und die „untere Grenze" der Single-Peak-Potentiale (wenn $\kappa(t) \ll K_H(t)/t$).

2.1.5 Analyse des neuen Variationsproblems

In Theorem 2.1.4 taucht das Variationsproblem $\chi_\gamma^{(\mathrm{DB})}(\rho)$ auf, welches bisher noch nicht auf Existenz von Minimierern untersucht wurde. Dies soll in der folgenden Proposition geschehen und gleichzeitig auf einen interessanten Phasenübergang hinsichtlich der Endlichkeit des Trägers eines Minimierers hingewiesen werden. Wir vermuten stark, dass der Minimierer eindeutig und unimodal ist, aber diese Frage ist bis jetzt noch offen.

Wir erinnern an Definition (1.12):

$$\chi_\gamma^{(\mathrm{DB})}(\rho) = \inf_{p \in \mathcal{M}_1(\mathbb{Z}^d)} F_{\gamma,\rho}(p),$$

$$\text{mit} \quad F_{\gamma,\rho}(p) = -(\Delta\sqrt{p}, \sqrt{p}) + \frac{\rho}{1-\gamma}(p^\gamma - p, 1), \quad \gamma \neq 1, \ \rho > 0.$$

Es gilt $\chi_\gamma^{(\mathrm{DB})}(\rho) \geq 0$, denn die zu minimierende Funktion ist für alle $\gamma \neq 1$ nichtnegativ. Das folgt daraus, dass $p(z) \leq 1$ für alle z und $(x^\gamma - x)/(1-\gamma) \geq 0$ für $x \leq 1$ ist. Weiterhin erhält man durch Einsetzen des Einpunktmaßes δ_0, dass $\chi_\gamma^{(\mathrm{DB})}(\rho) \leq 2d$ gilt. Ferner ist $\chi_\gamma^{(\mathrm{DB})}(\rho)$ wachsend in ρ und fallend in γ. Für $\gamma = 0$ ist das zweite Skalarprodukt als $(p^\gamma - p, 1) = |\operatorname{supp} p| - 1$ zu interpretieren. Folgende Resultate gelten für die Lösung dieses Variationsproblems:

Proposition 2.1.8. (a) *Zu dem Problem* (1.12) *existiert für jedes $\rho > 0$ und jedes $\gamma \neq 1$ mit $0 \leq \gamma < \max\{1 + 1/d, 1 + \rho/(2d)\}$ ein Minimierer, d.h. es gibt ein $p \in \mathcal{M}_1(\mathbb{Z}^d)$ mit $F_{\gamma,\rho}(p) = \chi_\gamma^{(\mathrm{DB})}(\rho)$.*

(b) *Sei p ein Minimierer von* (1.12). *Dann ist $\operatorname{supp} p$ genau dann endlich, wenn $\gamma \leq 1/2$ ist. Im Fall $\gamma > 1/2$ ist p auf dem gesamten $\mathbb{Z}^d$ positiv.*

Die Bedingung $\gamma < \max\{1+1/d, 1+\rho/(2d)\}$ ist rein technischer Natur, tatsächlich vermuten wir die Existenz eines Minimierers für alle $\gamma \geq 0$. Der Beweis von Proposition 2.1.8(a) und (b) erfolgt in den Abschnitten 5.1.1 und 5.1.2.

Neben der Analyse hinsichtlich Existenz und Träger eines Minimierers in $\chi_\gamma^{(\mathrm{DB})}$ ist auch die Beziehung der neuen Variationsformel zu den vom Original-PAM her bekannten von Interesse. Diese und weitere Zusammenhänge zwischen den in den Theoremen 2.1.3–2.1.7 auftauchenden Variationsproblemen werden wir im folgenden Abschnitt herstellen.

2.1.6 Konvergenz der Variationsformeln

Wie wir in (2.2) gesehen haben, unterscheidet sich die Gestalt der (Asymptotik der) Kumulantenerzeugenden und damit der resultierenden Variationsformeln danach, ob $\gamma \neq 1$ oder $\gamma = 1$ gilt. Dabei gehen diese beiden Fälle in gewissem Sinne stetig ineinander über, denn der im Fall $\gamma = 1$ auftretende Term $y \log y$ ist gerade die Ableitung von y^γ in $\gamma = 1$. Somit kann die Variationsformel mit $\gamma = 1$ als Grenzfall der Variationsformel mit $\gamma \neq 1$ hergeleitet werden. In [HKM06] wurde bereits gezeigt, dass das Variationsproblem $\chi_\gamma^{(\mathrm{B})}(\rho)$ für $\gamma \to 1$ gegen $\chi^{(\mathrm{FB})}(\rho)$ konvergiert, wobei der Beweis sich aus der expliziten Darstellung der jeweiligen Minimierer bzw. ihrer Asymptotik ergab. Die analoge Aussage für die diskreten Variationsformeln ist die folgende Proposition, die wir in Abschnitt 5.2.1 beweisen werden.

Proposition 2.1.9. *Für alle $\rho > 0$ gilt*

$$\lim_{\gamma \to 1} \chi_\gamma^{(\mathrm{DB})}(\rho) = \chi^{(\mathrm{DE})}(\rho).$$

Interessanter ist eine Untersuchung des Zusammenhangs zwischen den Variationsproblemen innerhalb der Klassen $\gamma \neq 1$ bzw. $\gamma = 1$. Hier ist ρ der entscheidende Parameter, welcher – gegen Unendlich bzw. Null geschickt – einen Übergang zwischen den einzelnen Variationsformeln ermöglicht. Einen Überblick gibt Abbildung 2, welche am Ende von Abschnitt 1.2.2 zu finden ist.

Betrachten wir die einzelnen Grenzübergänge genauer. Die diskreten Variationsformeln $\chi^{(\mathrm{DE})}(\rho)$ bzw. $\chi_\gamma^{(\mathrm{DB})}(\rho)$ sind Grenzfälle der stetigen Analoga $\chi^{(\mathrm{FB})}(\rho)$ bzw. $\chi_\gamma^{(\mathrm{B})}(\rho)$ für große ρ. Oder umgekehrt: Wenn in den diskreten Variationsproblemen in geeigneter Weise $\rho \to 0$ geschickt wird, so entstehen die entsprechenden stetigen Formeln. In der Klasse $\gamma = 1$ ist das bereits bekannt: Für $\chi^{(\mathrm{FB})}(\rho)$ kann eine explizite Formel angegeben werden (siehe [HKM06]), welche gerade die in [GH99] bewiesene Asymptotik von $\chi^{(\mathrm{DE})}(\rho)$ für kleine ρ beschreibt. Wir werden dieses Ergebnis etwas umformulieren, um die Analogie zu der entsprechend geltenden Beziehung für die Varianten mit $\gamma \neq 1$ hervorzuheben.

Proposition 2.1.10. *Es sei $\rho > 0$ fest. Für $\kappa \to \infty$ gilt*

$$\kappa \chi^{(\mathrm{DE})}\!\left(\frac{\rho}{\kappa}\right) = \chi^{(\mathrm{FB})}(\rho) + \rho \frac{d}{2} \log \kappa + o(1) \tag{2.10}$$

sowie für $\gamma \neq 1$ mit $0 \leq \gamma < 1 + 2/d$

$$\kappa^{1-d\nu} \chi_\gamma^{(\mathrm{DB})}\!\left(\frac{\rho}{\kappa}\right) = \chi_\gamma^{(\mathrm{B})}(\rho) + \rho \frac{1 - \kappa^{-d\nu}}{1 - \gamma} + o(1), \tag{2.11}$$

wobei $\nu = \frac{1-\gamma}{2+d(1-\gamma)}$ ist.

2.1. FORMULIERUNG DER ERGEBNISSE

Auch hier wird der Zusammenhang zwischen den Klassen $\gamma \neq 1$ und $\gamma = 1$ deutlich. Für $\gamma = 1$ ist nämlich $\nu = 0$, sodass wir es in der Tat mit derselben Potenz $1-d\nu = 1$ von κ zu tun haben, ferner gilt

$$\lim_{\gamma \to 1} \frac{1 - \kappa^{-d\nu}}{1 - \gamma} = \frac{d}{2} \log \kappa.$$

Der Beweis von Proposition 2.1.10 findet sich in Abschnitt 5.2.2.

In der Formulierung von Proposition 2.1.10 spielt $1/\kappa$ die Rolle von ρ, es handelt sich also tatsächlich um das Grenzverhalten für kleine ρ. Als Nächstes wollen wir den Phasenübergang für große ρ untersuchen. Wenn in den diskreten Variationsproblemen $\rho \to \infty$ konvergiert, entsteht das ausgeartete Problem $\chi^{(\mathrm{SP})} = 2d$. Das lässt sich dadurch erklären, dass der „Unregelmäßigkeitsterm" $\sum \hat{H}$ immer mehr an Gewichtung gewinnt, während der „Diffusionsterm" $(\Delta\cdot,\cdot)$ unbedeutend wird. Wie auch aus dem Beweis der folgenden Proposition hervorgeht, konvergiert daher jede (geeignet geshiftete) Minimiererfolge gegen das Einpunktmaß δ_0.

Proposition 2.1.11. *Es gilt*

$$\lim_{\rho \to \infty} \chi^{(\mathrm{DE})}(\rho) = \lim_{\rho \to \infty} \chi_\gamma^{(\mathrm{DB})}(\rho) = 2d.$$

Für $\chi^{(\mathrm{DE})}$ wurde diese Tatsache bereits in [GH99] erwähnt; einen Beweis für alle $\gamma \geq 0$ werden wir in Abschnitt 5.2.3 geben.

Zum Abschluss möchten wir noch einen Zusammenhang darstellen, den wir als Ergänzung zu den hier aufgestellten Propositionen in Abschnitt 5.2.4 heuristisch herleiten werden. Die Variationsformeln $\chi_H^{(\mathrm{RWRS})}(\theta)$ und $\chi_\gamma^{(\mathrm{B})}(\rho)$ bzw. $\chi^{(\mathrm{FB})}(\rho)$ beschreiben Ergebnisse für $\kappa(t) \asymp t^{2/d}$ und $\kappa(t) \ll t^{2/d}$. Da diese zwei Phasen direkt aneinander grenzen, ist zu erwarten, dass auch die Variationsformeln in geeigneter Weise ineinander übergehen. Das möchten wir in der folgenden Bemerkung festhalten.

Bemerkung 2.1.12. Sei $\chi_\gamma^{\mathrm{c}}(\rho)$ das in (2.8) definierte kontinuierliche Variationsproblem, wobei $\gamma < 1 + 2/d$ und ρ über die Asymptotik (2.1) der Kumulantenerzeugenden H gegeben sind. Dann vermuten wir die Asymptotik

$$\lim_{\theta \to \infty} \theta^{1-d\nu} \left(\chi_H^{(\mathrm{RWRS})}(\theta) + \theta \frac{H(\theta^{d(1-d\nu)/2})}{\theta^{d(1-d\nu)/2}} \right) = \chi_\gamma^{\mathrm{c}}(\rho). \tag{2.12}$$

Der zusätzliche Summand $\theta H(\theta^{d(1-d\nu)/2})/\theta^{d(1-d\nu)/2}$ (wobei wie immer $\nu = \frac{1-\gamma}{2+d(1-\gamma)}$ gilt) ist darauf zurückzuführen, dass die Ergebnisse in den Phasen 3 bzw. 4 auf den unterschiedlichen Annahmen $\operatorname{ess\,sup} \xi(0) \in \{0, \infty\}$ bzw. $\langle \xi(0) \rangle = 0$ beruhen.

2.2 Heuristik

In diesem Abschnitt geben wir heuristische Erläuterungen zu unseren Hauptergebnissen, welche das Verhalten in den Phasen 3 und 4 beschreiben. Wesentlich ist dabei die Interpretation des Modells als Irrfahrt in zufälligem Medium, welche auch in den Beweisen eine große Rolle spielen wird.

2.2.1 Feynman–Kac-Formel

Es sei $X = (X(s))_{s \geq 0}$ die zeitstetige Irrfahrt im $\mathbb{Z}^d$ mit Start im Ursprung und Generator Δ, d.h. die Sprungzeiten sind Exp($2d$)-verteilt und gesprungen wird zu einem der $2d$ Nachbarn mit jeweils gleicher Wahrscheinlichkeit. Diese Irrfahrt sei auf einem anderen Wahrscheinlichkeitsraum definiert als das Feld ξ. Mit $\mathbb{P}(\cdot)$ und $\mathbb{E}[\,\cdot\,]$ bezeichnen wir Wahrscheinlichkeiten und Erwartungswerte hinsichtlich der Irrfahrt. Für festes $t > 0$ definieren wir

$$X^t(s) = X(s\kappa(t)), \quad s > 0,$$

d.h. wir be- oder entschleunigen den Prozess um die Rate $\kappa(t)$.

In [GM90, Theorem 2.1] wurde für das Original-PAM gezeigt, dass die Lösung eindeutig durch eine Feynman–Kac-Darstellung, d.h. als ein Erwartungswert bezüglich der Irrfahrt $(X(s))_s$ gegeben ist. Entsprechend haben wir in unserem Modell eine Darstellung der Lösung von (2.4) als Erwartungswert bezüglich der Irrfahrt $(X^t(s))_s$,

$$u^t(s, z) = \mathbb{E}\Big[\exp\Big(\int_0^s \xi(X^t(\sigma))\mathrm{d}\sigma\Big)\mathbb{1}_{\{X^t(s)=z\}}\Big],$$

und die Summe über alle $z \in \mathbb{Z}^d$ zum Zeitpunkt $t > 0$ schreibt sich dann als

$$U(t) = \mathbb{E}\Big[\exp\Big(\int_0^t \xi(X^t(s))\mathrm{d}s\Big)\Big]. \tag{2.13}$$

Man beachte, dass dieser Erwartungswert eine Zufallsvariable bezüglich der ξ ist.

2.2.2 Lokalzeiten und ihre großen Abweichungen

Wichtig für Interpretation und Beweise sind die Lokalzeiten der Irrfahrt X^t:

$$\ell_t(z) = \int_0^t \mathbb{1}_{\{X^t(s)=z\}}\mathrm{d}s = \kappa(t)^{-1}\int_0^{t\kappa(t)} \mathbb{1}_{\{X(s)=z\}}\mathrm{d}s, \quad z \in \mathbb{Z}^d. \tag{2.14}$$

In einigen Fällen (Theoreme 2.1.6 und 2.1.7) müssen wir den Raum mit einem Faktor $\alpha_t \gg 1$ reskalieren, was bedeutet, dass die Irrfahrt sich die gesamte Zeit in

2.2. HEURISTIK

einer Kugel um den Ursprung mit einem Radius der Größenordnung α_t aufhält. Entsprechend reskalieren wir unsere Lokalzeiten und sorgen außerdem dafür, dass sie L^1-normiert sind. Das heißt, wir definieren für jedes $t > 0$ die Treppenfunktion

$$L_t(y) = \frac{\alpha_t^d}{t}\ell_t(\lfloor\alpha_t y\rfloor), \quad y \in \mathbb{R}^d. \tag{2.15}$$

Aus der Theorie der großen Abweichungen ist bekannt, dass – im Falle der zeitstetigen Irrfahrt mit konstanten Sprungraten – der Prozess der reskalierten, normierten Lokalzeiten im Raum der L^1-normierten H^1-Funktionen unter gewissen Voraussetzungen ein Prinzip großer Abweichungen (PGA) auf der Skala t/α_t^2 mit Ratenfunktion $g^2 \mapsto \int_{\mathbb{R}^d}|\nabla g|^2$ erfüllt. Ein entsprechendes Prinzip gilt auch für unseren Prozess auf der Skala $t\kappa(t)/\alpha_t^2$; wir werden es später in Proposition 3.1.2 genau formulieren. Ebenfalls aus der Theorie der großen Abweichungen hilft uns das Lemma von Varadhan (siehe z.B. [DZ98, Sec. 4.3]) bei der Analyse exponentieller Raten von Erwartungswerten. In unserem Fall besagt es, dass

$$\mathbb{E}\Big[\exp\Big(\frac{t\kappa(t)}{\alpha_t^2}J(L_t)\Big)\Big] \approx \exp\Big(\frac{t\kappa(t)}{\alpha_t^2}\inf_{\substack{g\in H^1(\mathbb{R}^d)\\ \|g\|_2=1}}\Big\{\int_{\mathbb{R}^d}|\nabla g|^2 - J(g^2)\Big\}\Big) \tag{2.16}$$

für jede beschränkte und stetige Funktion J gilt.

Im Fall der Theoreme 2.1.3 und 2.1.4 müssen wir nicht reskalieren und haben ein ähnliches PGA für die normierten Lokalzeiten ℓ_t/t mit Ratenfunktion $p \mapsto -(\Delta\sqrt{p},\sqrt{p})$ für $p \in \mathcal{M}_1(\mathbb{Z}^d)$, siehe Proposition 3.1.1.

2.2.3 Heuristik zu Theorem 2.1.6

Wir geben nun eine heuristische Herleitung für unser Ergebnis zu Phase 3, die weitestgehend auch unseren Beweisweg skizziert.

Wenn wir in (2.13) den Erwartungswert bezüglich des Potentials bilden, erhalten wir

$$\langle U(t)\rangle = \Big\langle \mathbb{E}\Big[\exp\Big(\sum_{z\in\mathbb{Z}^d}\ell_t(z)\xi(z)\Big)\Big]\Big\rangle = \mathbb{E}\Big[\exp\Big(\sum_{z\in\mathbb{Z}^d}H(\ell_t(z))\Big)\Big],$$

denn das Feld ist unabhängig und identisch verteilt. Wir führen die Skalierungsfunktion $\alpha_t \gg 1$ ein, welche als Durchmesser der relevanten Insel interpretiert wird, auf der sich die Irrfahrt bis zur Zeit t aufhält. Die Lokalzeiten in den Punkten dieser Insel sollten dann von der Größenordnung t/α_t^d sein. Aufgrund der Asymptotik (2.1) des Potentials müssen wir mit $K_H(t\alpha_t^{-d})$ reskalieren und außerdem den räumlichen Skalierungsfaktor α_t^d beachten. Da die hieraus resultierende exponentielle Größenordnung mit der Skala $t\kappa(t)/\alpha_t^2$ des PGA für die reskalierten Lokalzeiten übereinstimmen soll, definieren wir α_t als Lösung der Fixpunktgleichung (2.7).

Wir gehen weiterhin davon aus, dass die Asymptotik des Erwartungswertes $\langle U(t) \rangle$ durch die höchsten Peaks des Potentials bestimmt wird, deshalb ziehen wir diese ab und verwenden dabei die Gleichheit $\sum_{z \in \mathbb{Z}^d} \ell_t(z) = t$. Es ergibt sich

$$\langle U(t) \rangle = \mathrm{e}^{\alpha_t^d H(t\alpha_t^{-d})} \mathbb{E}\Big[\exp\Big(\sum_{z \in \mathbb{Z}^d} \big[H(\ell_t(z)) - \ell_t(z)\frac{\alpha_t^d}{t}H(t\alpha_t^{-d})\big]\Big)\Big].$$

Nun führen wir die reskalierten Lokalzeiten L_t aus (2.15) ein und beachten (2.7):

$$\langle U(t) \rangle = \mathrm{e}^{\alpha_t^d H(t\alpha_t^{-d})} \mathbb{E}\Big[\exp\Big(\frac{t\kappa(t)}{\alpha_t^{d+2}} \sum_{z \in \mathbb{Z}^d} \frac{H(t\alpha_t^{-d} L_t(z/\alpha_t)) - L_t(z/\alpha_t) H(t\alpha_t^{-d})}{K_H(t\alpha_t^{-d})}\Big)\Big].$$

Mit (2.1) ergibt sich

$$\langle U(t) \rangle \approx \mathrm{e}^{\alpha_t^d H(t\alpha_t^{-d})} \mathbb{E}\Big[\exp\Big(\frac{t\kappa(t)}{\alpha_t^2} \alpha_t^{-d} \sum_{z \in \mathbb{Z}^d} \rho \hat{H}\big(L_t(z/\alpha_t)\big)\Big)\Big] \quad \text{für } t \to \infty.$$

Da L_t eine Treppenfunktion ist, können wir die Summe auch als Integral schreiben:

$$\langle U(t) \rangle \approx \mathrm{e}^{\alpha_t^d H(t\alpha_t^{-d})} \mathbb{E}\Big[\exp\Big(\frac{t\kappa(t)}{\alpha_t^2} \int_{\mathbb{R}^d} \rho \hat{H}(L_t(y))\mathrm{d}y\Big)\Big].$$

Wir verwenden das in Abschnitt 2.2.2 erwähnte Prinzip großer Abweichungen für L_t bzw. die daraus resultierende Formel (2.16) und erhalten

$$\langle U(t) \rangle \approx \exp\Big(\alpha_t^d H\Big(\frac{t}{\alpha_t^d}\Big) - \frac{t\kappa(t)}{\alpha_t^2} \inf_{\substack{g \in H^1(\mathbb{R}^d) \\ \|g\|_2 = 1}} \Big\{\int_{\mathbb{R}^d} |\nabla g|^2 - \int_{\mathbb{R}^d} \rho \hat{H}(g^2)\Big\}\Big).$$

Das Variationsproblem entspricht $\chi^{(\mathrm{FB})}(\rho)$ im Fall $\gamma = 1$ bzw. $\chi_\gamma^{(\mathrm{B})}(\rho)$ im Fall $\gamma \neq 1$.

Der Weg zu Theorem 2.1.4 ist genau derselbe, wobei wegen $\kappa(t) \asymp K_H(t)/t$ die Gleichung (2.7) für einen Radius α_t von endlicher Größenordnung erfüllt ist. Daher müssen wir hier nicht reskalieren, sondern arbeiten direkt mit den normierten diskreten Lokalzeiten ℓ_t/t, sodass am Ende das entsprechende diskrete Variationsproblem $\chi^{(\mathrm{DE})}$ bzw. $\chi_\gamma^{(\mathrm{DB})}$ entsteht.

In unseren Beweisen haben wir noch mit der Tatsache zu kämpfen, dass das Prinzip großer Abweichungen nur auf kompakten Boxen gilt und dass die Funktion, auf die wir Varadhans Lemma anwenden wollen, weder stetig noch beschränkt ist. Wir werden daher einige technisch aufwändige Schritte vornehmen und für einen Teil des Beweises der oberen Schranke andere Wege als den der heuristischen Herleitung gehen.

2.2.4 Heuristik zu Theorem 2.1.7

In Phase 4 gehen wir ebenfalls davon aus, dass die Lokalzeiten der Irrfahrt sich auf einer Insel mit Radius $\alpha_t \gg 1$ um den Ursprung konzentrieren, allerdings ist diese Insel so groß, dass die Größenordnung t/α_t^d der Lokalzeiten endlich bleibt. Wir reskalieren daher den Raum mit dem Faktor $\alpha_t = t^{1/d}$, sodass die reskalierten, normierten Lokalzeiten gleich

$$L_t(x) = \ell_t(\lfloor t^{1/d} x \rfloor), \quad x \in \mathbb{R}^d, \tag{2.17}$$

sind. Man beachte, dass wegen $\kappa(t) \asymp t^{2/d}$ weiterhin die Gleichung (2.7) erfüllt ist, sodass wir wieder die richtige Skala für das PGA für L_t erhalten werden.

Analog zu den Umformungen in Abschnitt 2.2.3 drücken wir nun unseren Erwartungswert (2.13) mithilfe von L_t aus:

$$\langle U(t) \rangle = \Big\langle \mathbb{E}\Big[\exp\Big(\sum_{z \in \mathbb{Z}^d} L_t(zt^{-1/d}) \xi(z) \Big) \Big] \Big\rangle = \mathbb{E}\Big[\exp\Big(\sum_{z \in \mathbb{Z}^d} H\big(L_t(zt^{-1/d})\big) \Big) \Big]. \tag{2.18}$$

Man beachte, dass wir diesmal nicht die Asymptotik (2.1) verwenden dürfen, da die Argumente der Kumulantenerzeugenden nicht gegen Unendlich konvergieren. Wir überspringen also diesen Schritt und formen sofort die Summe in ein Integral um:

$$\langle U(t) \rangle = \mathbb{E}\Big[\exp\Big(t \int_{\mathbb{R}^d} H\big(L_t(y)\big) \mathrm{d}y \Big) \Big].$$

Ohne uns um Beschränktheit und Stetigkeit zu kümmern, verwenden wir nun wieder die großen Abweichungen des Prozesses L_t bzw. die Formel (2.16). Die Skala ist hier $t\kappa(t)/\alpha_t^2 \approx t\kappa^*$. Wir erhalten

$$\langle U(t) \rangle \approx \mathbb{E}\Big[\exp\Big(-t\kappa^* \inf_{\substack{g \in \mathrm{H}^1(\mathbb{R}^d) \\ \|g\|_2 = 1}} \Big\{ \int_{\mathbb{R}^d} |\nabla g|^2 - \frac{1}{\kappa^*} \int_{\mathbb{R}^d} H(g^2) \Big\} \Big) \Big]$$

und damit das Theorem.

2.2.5 Alternative Heuristik zu Theorem 2.1.7

Für einen großen Teil unseres Beweises zu Phase 4 werden wir Techniken aus [GKS07] verwenden, wo große Abweichungen für Random Walk in Random Scenery bewiesen werden. Tatsächlich ist unser Modell dem dort behandelten sehr ähnlich. Wir wollen hier die gemeinsame Grundidee kurz beschreiben und eine zweite Heuristik von Theorem 2.1.7 geben, welche darauf beruht. Dazu leiten wir zunächst eine alternative Darstellung der Variationsformel $\chi_H^{(\mathrm{RWRS})}$ her.

Wir erinnern an die Definition

$$\chi_H^{(\mathrm{RWRS})}(\theta) = \inf_{\substack{g \in \mathrm{H}^1(\mathbb{R}^d) \\ \|g\|_2 = 1}} \{\mathcal{I}(g^2) - \theta \Phi_H(g^2)\}, \quad \theta > 0,$$

mit

$$\mathcal{I}(g^2) = \int_{\mathbb{R}^d} |\nabla g(y)|^2 \mathrm{d}y,$$

$$\Phi_H(u) = \int_{\mathbb{R}^d} H(u(y)) \mathrm{d}y, \quad u \in \mathrm{L}^1(\mathbb{R}^d),\, u \geq 0.$$

Wir setzen $\Phi_H(u) = -\infty$ für Funktionen u, die nicht überall nichtnegativ sind. Dann ist die Legendre-Transformierte von Φ_H gleich

$$\hat{\Phi}_H(\psi) = \sup_{\substack{u \in \mathrm{L}^1(\mathbb{R}^d) \\ u \geq 0}} \left\{ \int_{\mathbb{R}^d} \big(u(y)\psi(y) - H(u(y)) \mathrm{d}y\big) \right\}, \quad \psi \in \mathcal{C}_\mathrm{c}(\mathbb{R}^d).$$

Das Dualitätslemma [DZ98, Lemma 4.5.8] besagt, dass unter bestimmten Voraussetzungen (welche wir im Rahmen der Heuristik ignorieren) die Legendre-Transformierte von $\hat{\Phi}_H$ wieder die Funktion Φ_H ist, also

$$\Phi_H(g^2) = \sup_{\psi \in \mathcal{C}_\mathrm{c}(\mathbb{R}^d)} \{(g^2, \psi) - \hat{\Phi}_H(\psi)\},$$

dabei bezeichnet $(\cdot, \cdot)$ das übliche L^2-Skalarprodukt. Somit erhalten wir

$$\chi_H^{(\mathrm{RWRS})}(\theta) = \inf_{\substack{g \in \mathrm{H}^1(\mathbb{R}^d) \\ \|g\|_2 = 1}} \inf_{\psi \in \mathcal{C}_\mathrm{c}(\mathbb{R}^d)} \{\mathcal{I}(g^2) + \theta[\hat{\Phi}_H(\psi) - (g^2, \psi)]\}. \tag{2.19}$$

Gemäß der Philosophie des Random Walk in Random Scenery-Modells in [GKS07] lässt sich diese Darstellung wie folgt interpretieren: $\theta\hat{\Phi}_H(\psi)$ ist die Ratenfunktion für ein Prinzip großer Abweichungen des Potentials auf einer großen Box und $\mathcal{I}(g^2)$ sind die Kosten für die Irrfahrt, um in dieser Box zu bleiben. Optimiert wird also über eine gemeinsame Strategie von Potential und Irrfahrt, bei der das Skalarprodukt (g^2, ψ) möglichst groß ist.

Leiten wir nun Theorem 2.1.7 alternativ mit dieser Darstellung her. Wie vor Formel (2.16) erörtert, erfüllen die reskalierten Lokalzeiten L_t in (2.17) ein Prinzip großer Abweichungen (unter $\mathbb{P}$) auf der Skala $t\kappa(t)\alpha_t^{-2} \approx t\kappa^*$ mit Ratenfunktion $\mathcal{I}(g^2) = \int_{\mathbb{R}^d} |\nabla g|^2$. Auch für (eine reskalierte Variante von) ξ gilt ein PGA (unter Prob), wie sich aus der folgenden heuristischen Rechnung erahnen lässt. Es sei $\bar{\xi}_t = \xi(\lfloor t^{1/d} \cdot \rfloor)$; wegen $\langle \xi(0) \rangle = 0$ können wir $\bar{\xi}_t \geq 0$ für die „guten" Werte auf der relevanten Insel annehmen und betrachten nur $\mathcal{C}_\mathrm{c}(\mathbb{R}^d)$-Funktionen $\psi \geq 0$. Weiter sei u eine beliebige nichtnegative Funktion, über die wir im letzten Schritt optimieren.

2.2. HEURISTIK

Dann haben wir

$$\begin{aligned}
\text{Prob}(\bar{\xi}_t \approx \psi \text{ auf } \mathbb{R}^d) &= \text{Prob}(\xi \approx \psi(\cdot \, t^{-1/d}) \text{ auf } \mathbb{Z}^d) \\
&\approx \text{Prob}(e^{u(\cdot \, t^{-1/d})}\xi \geq e^{(u\psi)(\cdot \, t^{-1/d})} \text{ auf } \mathbb{Z}^d) \\
&\approx \prod_{z \in \mathbb{Z}^d} e^{-(u\psi)(zt^{-1/d})} \langle e^{u(zt^{-1/d})\xi(z)} \rangle \\
&= \exp\Big(\sum_{z \in \mathbb{Z}^d} \big[H(u(zt^{-1/d})) - (u\psi)(zt^{-1/d}) \big] \Big) \\
&\approx \exp\Big(-t \int_{\mathbb{R}^d} \big[u(y)\psi(y) - H(u(y)) \big] \mathrm{d}y \Big) \\
&\approx \exp(-t\hat{\Phi}_H(\psi)).
\end{aligned}$$

Wenn wir die Skala als $t\kappa^*$ und die Ratenfunktion als $\hat{\Phi}_H/\kappa^*$ intepretieren, dann laufen das PGA für die Lokalzeiten und das für das Potential auf der gleichen Skala. Somit ist es leicht vorstellbar, dass der Prozess der Skalarprodukte $(\bar{\xi}_t, L_t)$ ein PGA auf Skala $\kappa^* t$ mit Ratenfunktion

$$F(s) = \inf \Big\{ \mathcal{I}(g^2) + \frac{1}{\kappa^*}\hat{\Phi}_H(\psi) : \|g\|_2 = 1, \, \psi \in \mathcal{C}_{\mathrm{c}}(\mathbb{R}^d), (g^2, \psi) = s \Big\}, \quad s \geq 0,$$

erfüllt. Weiterhin gilt, nach der ersten Umformung in (2.18),

$$\langle U(t) \rangle = \Big\langle \mathbb{E}\Big[\exp\Big(\sum_{z \in \mathbb{Z}^d} L_t(zt^{-1/d})\bar{\xi}_t(zt^{-1/d}) \Big) \Big] \Big\rangle \approx \Big\langle \mathbb{E}\Big[\exp\Big(t\kappa^* \frac{1}{\kappa^*}(L_t, \bar{\xi}_t) \Big) \Big] \Big\rangle$$

und mit Varadhans Lemma folgt

$$\begin{aligned}
\langle U(t) \rangle &\approx \exp\Big(-t\kappa^* \inf_{s \geq 0} \Big\{ F(s) - \frac{s}{\kappa^*} \Big\} \Big) \\
&= \exp\Big(-t\kappa^* \inf_{s \geq 0} \inf \Big\{ \mathcal{I}(g^2) + \frac{1}{\kappa^*}\big[\hat{\Phi}_H(\psi) - s \big] : \\
&\qquad\qquad \|g\|_2 = 1, \, \psi \in \mathcal{C}_{\mathrm{c}}(\mathbb{R}^d), (g^2, \psi) = s \Big\} \Big).
\end{aligned}$$

Dank der Nebenbedingung $(g^2, \psi) = s$ können wir das Infimum über s ausführen und erhalten genau die Darstellung von $\chi_H^{(\mathrm{RWRS})}\big(\frac{1}{\kappa^*}\big)$ in (2.19).

Kapitel 3

Vorbereitungen und Hilfssätze

Die meisten unserer Beweise enthalten keine komplett neuen Methoden; es geht vielmehr darum, die bisherigen Ergebnisse zu den verschiedenen Universalitätsklassen geeignet zu verbinden, sodass sie auch mit dem zusätzlichen Parameter $\kappa(t)$ stimmen. Wir werden am Anfang eines jeden Beweises auf die Ideenquelle verweisen, meist ist das eines der Artikel [GM98], [BK01] und [HKM06], in welchen die doppeltexponentialverteilten, nach oben beschränkten und fast beschränkten Potentiale behandelt wurden. Aufgrund der unterschiedlichen Natur dieser Verteilungen tauchen die technischen Probleme zum Teil an verschiedenen Stellen auf und werden unterschiedlich behandelt. Dennoch ist eine gemeinsame Struktur zu erkennen, auf die wir starke Betonung legen. So werden wir versuchen, weitestgehend einheitliche Beweise anzugeben, in welchen die neue Größe $\kappa(t)$ sich ganz natürlich einfügt und den Zusammenhang zwischen den Universalitätsklassen herstellt. An einigen Stellen wäre es möglich, Spezialfälle mit einfacheren Methoden zu zeigen, worauf wir aber im Rahmen der Verallgemeinerung verzichten werden.

Da die Beweise aus vielen technischen Schritten bestehen, wobei sich einige grundlegende Ideen regelmäßig wiederholen bzw. auch für sich allein von Interesse sind, sammeln wir in diesem Kapitel wesentliche Hilfssätze, die die eigentlichen Beweise vorbereiten und entlasten sollen. In Abschnitt 3.1 wird der typische Weg nachvollzogen, mit denen die meisten Beweise zum parabolischen Anderson-Modell beginnen: Zunächst werden die betrachteten Größen geeignet umgeformt (Abschnitt 3.1.1) und auf Kompakta eingeschränkt (Abschnitt 3.1.2). Danach können große Abweichungen für die Lokalzeiten (Abschnitt 3.1.3) angewandt werden. Abschnitt 3.2 versorgt uns mit diversen Hilfsergebnissen aus der Analysis, auf die wir regelmäßig zurückgreifen werden. Anschließend zitieren wir in Abschnitt 3.3 die wichtigsten hier verwendeten Hilfssätze aus der Literatur. In Phase 3 werden das vor allem Ergebnisse aus [BK01] und [HKM06] sein, in Phase 4 hilft uns [GKS07]. Schließlich ist Abschnitt 3.4 einigen nützlichen Methoden im Umgang mit Variationsproblemen gewidmet. Insbesondere geht es hier um die „Entkompaktifizierung", d.h. die durch Kompaktifizierung entstandenen Variationsprobleme auf endlichen Boxen müssen am Ende der Beweise auf den gesamten Raum erweitert werden. Dieser Schritt ist – je nach Vorhandensein weiterer Hilfsparameter – recht aufwändig. Erwähnenswert ist auch der Übergang von diskreten zu stetigen Variationsproblemen, für den zunächst der Raum geeignet trianguliert werden muss. Hier ist eine Methode aus der Theorie der finiten Elemente sehr hilfreich.

3.1 Der Anfang

3.1.1 Erste Schritte

Wir wiederholen und konkretisieren die wichtigsten der in Abschnitt 2.2 heuristisch dargestellten Ideen.

Bezeichnungen. Im Folgenden seien

$(X_s)_{s\geq 0}$ die zeitstetige Irrfahrt im $\mathbb{Z}^d$ mit Generator Δ und Start in 0,
$(X_s^t)_{s\geq 0}$ die entsprechende Irrfahrt mit Sprungrate $2d\kappa(t)$, d.h. $X_s^t = X_{s\kappa(t)}$,
$(\tilde{\ell}_t)_{t\geq 0}$ die Folge der Lokalzeiten von $(X_t)_t$, d.h. $\tilde{\ell}_t(z) = \int_0^t \mathbb{1}_{\{X(s)=z\}}\,\mathrm{d}s$,
$(\ell_t)_{t\geq 0}$ die Folge der Lokalzeiten von $(X_t^t)_t$.

Feynman–Kac-Formel. Startpunkt eines jeden Beweises über die Asymptotik der Gesamtmasse $U(t)$ in (2.5) ist ihre Darstellung als Erwartungswert bezüglich der Irrfahrt X_s^t,

$$U(t) = \mathbb{E}\Big[\exp\Big(\int_0^t \xi(X_s^t)\,\mathrm{d}s\Big)\Big].$$

Da das Potential $\xi(z)_{z\in\mathbb{Z}^d}$ i.i.d. mit Kumulantenerzeugender H ist, wird der Erwartungswert von $U(t)$ bezüglich des Feldes zunächst folgendermaßen umgeformt:

$$\langle U(t)\rangle = \Big\langle \mathbb{E}\Big[\exp\Big(\sum_{z\in\mathbb{Z}^d} \ell_t(z)\xi(z)\Big)\Big]\Big\rangle = \mathbb{E}\Big[\exp\Big(\sum_{z\in\mathbb{Z}^d} H\big(\ell_t(z)\big)\Big)\Big]. \tag{3.1}$$

Normierte reskalierte Lokalzeiten. Als Nächstes werden die Lokalzeiten normiert und – in einigen Fällen – geeignet reskaliert; dies geschieht in Abhängigkeit von den Voraussetzungen.

In den Phasen 1 und 2 bleiben wir im $\mathbb{Z}^d$ und müssen unsere Lokalzeiten nur l^1-normieren:

$$L_t = \frac{\ell_t}{t} \quad \text{bzw.} \quad \widetilde{L}_t = \frac{\tilde{\ell}_t}{t}. \tag{3.2}$$

3.1. DER ANFANG

Dann ist $\sum_{z\in\mathbb{Z}^d} L_t(z) = \sum_{z\in\mathbb{Z}^d} \widetilde{L}_t(z) = 1$. Die kurze Rechnung (2.14) zeigt den Zusammenhang

$$L_t(z) = \frac{\ell_t(z)}{t} = \frac{\widetilde{\ell}_{t\kappa(t)}(z)}{t\kappa(t)} = \widetilde{L}_{t\kappa(t)}(z), \quad z \in \mathbb{Z}^d. \tag{3.3}$$

In den Phasen 3 und 4 skalieren wir zunächst mit einer Funktion $\alpha_t \gg 1$ und normieren dann bezüglich der L^1-Norm,

$$L_t(y) = \frac{\alpha_t^d}{t}\ell_t(\lfloor\alpha_t y\rfloor) \quad \text{bzw.} \quad \widetilde{L}_t(y) = \frac{\alpha_t^d}{t}\widetilde{\ell}_t(\lfloor\alpha_t y\rfloor), \quad y \in \mathbb{R}^d. \tag{3.4}$$

Wieder mit (2.14) haben wir

$$L_t(y) = \frac{\alpha_t^d}{t}\ell_t(\lfloor\alpha_t y\rfloor) = \frac{\alpha_t^d}{t\kappa(t)}\widetilde{\ell}_{t\kappa(t)}(\lfloor\alpha_t y\rfloor) = \widetilde{L}_{t\kappa(t)}(y), \quad y \in \mathbb{R}^d. \tag{3.5}$$

Der erste Beweisschritt. In Hinblick auf die Asymptotik (2.1) formen wir den Erwartungswert (3.1) weiter um. Wir tun dies simultan mit den in (3.2) und (3.4) definierten normierten Lokalzeiten, wobei wir im diskreten Fall $\alpha_t = 1$ setzen. Unter Beachtung von $\sum_{z\in\mathbb{Z}^d} \ell_t(z) = t$ erhalten wir

$$\langle U(t) \rangle = e^{\alpha_t^d H(t\alpha_t^{-d})} \mathbb{E}\left[\exp\left(\sum_{z\in\mathbb{Z}^d} \left[H(\ell_t(z)) - \frac{\alpha_t^d}{t}\ell_t(z)H(t\alpha_t^{-d})\right]\right)\right] \tag{3.6}$$

$$= e^{\alpha_t^d H(t\alpha_t^{-d})} \mathbb{E}\left[\exp\left(K_H(t\alpha_t^{-d}) \sum_{z\in\mathbb{Z}^d} \frac{H(t\alpha_t^{-d} L_t(z/\alpha_t)) - L_t(z/\alpha_t)H(t\alpha_t^{-d})}{K_H(t\alpha_t^{-d})}\right)\right]. \tag{3.7}$$

Dies ist ein guter Ausgangspunkt für alle weiteren Schritte in den Beweisen der Theoreme 2.1.3, 2.1.4 und 2.1.6; im Fall $\alpha_t = 1$ haben wir

$$\langle U(t) \rangle = e^{H(t)} \mathbb{E}\left[\exp\left(K_H(t) \sum_{z\in\mathbb{Z}^d} \frac{H(tL_t(z)) - L_t(z)H(t)}{K_H(t)}\right)\right]. \tag{3.8}$$

3.1.2 Kompaktifizierung

Aus mehreren Gründen muss die Summe im Exponenten von (3.7) bzw. (3.8) auf eine endliche Summe eingeschränkt werden, insbesondere für die Anwendung der im nächsten Abschnitt beschriebenen Prinzipien großer Abweichungen. Hier gehen wir für untere und obere Schranke unterschiedlich vor.

Untere Schranke. Für die untere Schranke fügen wir den Indikator auf das Ereignis ein, dass die Irrfahrt bis zum Zeitpunkt t in der Box mit Radius $\lfloor R\alpha_t \rfloor$ bleibt. Dabei ist $R > 0$ und muss am Ende gegen Unendlich geschickt werden. Dieses Ereignis schreiben wir als $\{\mathrm{supp}\, L_t \subseteq Q_R\}$ mit $Q_R = [-R, R]^d$ bzw. im diskreten Fall $\{\mathrm{supp}\, L_t \subseteq B_R\}$ mit $B_R = [-R, R]^d \cap \mathbb{Z}^d$, $R \in \mathbb{N}$.

Wir schätzen also (3.7) folgendermaßen nach unten ab:

$$\langle U(t) \rangle \geq \mathrm{e}^{\alpha_t^d H(t\alpha_t^{-d})} \mathbb{E}\bigg[\exp\bigg(K_H(t\alpha_t^{-d}) \\ \times \sum_{z \in B_{\lfloor R\alpha_t \rfloor}} \frac{H(t\alpha_t^{-d} L_t(z/\alpha_t)) - L_t(z/\alpha_t) H(t\alpha_t^{-d})}{K_H(t\alpha_t^{-d})} \bigg) \mathbb{1}_{\{\mathrm{supp}\, L_t \subseteq Q_R\}} \bigg] \tag{3.9}$$

und für $\alpha_t = 1$ ergibt sich

$$\langle U(t) \rangle \geq \mathrm{e}^{H(t)} \mathbb{E}\bigg[\exp\bigg(K_H(t) \sum_{z \in B_R} \frac{H(tL_t(z)) - L_t(z) H(t)}{K_H(t)} \bigg) \mathbb{1}_{\{\mathrm{supp}\, L_t \subseteq B_R\}} \bigg]. \tag{3.10}$$

Obere Schranke. Die Grundidee besteht darin, die periodisierten Lokalzeiten zu betrachten. Im diskreten Fall definieren wir auf dem Torus B_R mit $R \in \mathbb{N}$

$$\ell_t^{\pi, R}(z) = \sum_{k \in (2R+1)\mathbb{Z}^d} \ell_t(z + k), \quad z \in B_R.$$

Dann gilt $\sum_{z \in B_R} \ell_t^{\pi, R}(z) = \sum_{z \in \mathbb{Z}^d} \ell_t(z) = t$. Normieren ergibt

$$L_t^{\pi, R}(z) = \frac{\ell_t^{\pi, R}(z)}{t} = \sum_{k \in (2R+1)\mathbb{Z}^d} L_t(z + k), \quad z \in B_R. \tag{3.11}$$

Die Kumulantenerzeugende H ist konvex mit $H(0) = 0$, daher weiß man (siehe auch Lemma 3.2.1(b) in Abschnitt 3.2), dass sie superlinear ist. Folglich gilt

$$\sum_{z \in \mathbb{Z}^d} H(\ell_t(z)) = \sum_{z \in B_R} \sum_{k \in (2R+1)\mathbb{Z}^d} H(\ell_t(z + k)) \\ \leq \sum_{z \in B_R} H\bigg(\sum_{k \in (2R+1)\mathbb{Z}^d} \ell_t(z + k) \bigg) = \sum_{z \in B_R} H(\ell_t^{\pi, R}(z)).$$

Setzen wir diese Ungleichung in (3.1) ein und formen mit denselben Schritten um, die zu Formel (3.8) geführt haben, so erhalten wir die folgende obere Abschätzung:

$$\langle U(t) \rangle \leq \mathrm{e}^{H(t)} \mathbb{E}\bigg[\exp\bigg(K_H(t) \sum_{z \in B_R} \frac{H(tL_t^{\pi, R}(z)) - L_t^{\pi, R}(z) H(t)}{K_H(t)} \bigg) \bigg]. \tag{3.12}$$

3.1. DER ANFANG

Eine entsprechende Ungleichung gilt auch im stetigen Fall mit den reskalierten Varianten der Lokalzeiten. Allerdings ist in unseren Beweisen der Ansatz zur Kompaktifizierung bei der oberen Schranke ein anderer. Da die Vorgehensweise hier sehr technisch (Eigenwertentwicklung) ist, werden wir diesen Schritt erst später in Proposition 4.3.1 bzw. 4.4.3 angehen.

3.1.3 Große Abweichungen

Diskreter Fall. Der Prozess der normierten Lokalzeiten auf einer kompakten Box erfüllt ein Prinzip großer Abweichungen. Dieses wurde zum Beispiel in [GM98, Lemma 1.5] für $\widetilde{L}_t$ bzw. seine periodische Version gezeigt, wir geben es hier in unsere Notationen übertragen wieder. Sei $R \in \mathbb{N}$.

Proposition 3.1.1. (a) *Unter* $\mathbb{P}(\,\cdot\,\mathbb{1}_{\{\mathrm{supp}\, L_t \subseteq B_R\}})$ *erfüllt der Prozess* $(L_t)_{t\geq 0}$ *ein Prinzip großer Abweichungen mit Geschwindigkeit* $t\kappa(t)$ *und Ratenfunktion*

$$S^{0,R}(p) := -\big(\Delta\sqrt{p}, \sqrt{p}\big) = \frac{1}{2} \sum_{\substack{(x,y)\in\mathbb{Z}^d\times\mathbb{Z}^d \\ x\sim y}} \big(\sqrt{p(y)} - \sqrt{p(x)}\big)^2 \quad (3.13)$$

für $p \in \mathcal{M}_1(\mathbb{Z}^d)$ *mit* $\mathrm{supp}\, p \subseteq B_R$. *Hierbei bedeutet* $x \sim y$, *dass* x *und* y *benachbart im* $\mathbb{Z}^d$ *sind, d.h.* $|x-y| = 1$.

(b) *Unter* $\mathbb{P}$ *erfüllt der Prozess* $(L_t^{\pi,R})_{t\geq 0}$ *ein Prinzip großer Abweichungen mit Geschwindigkeit* $t\kappa(t)$ *und Ratenfunktion*

$$S^{\pi,R}(p) := \frac{1}{2} \sum_{\substack{(x,y)\in B_R\times B_R \\ y\sim^\pi x}} \big(\sqrt{p(y)} - \sqrt{p(x)}\big)^2 \quad (3.14)$$

für $p \in \mathcal{M}_1(B_R)$. *Hierbei bedeutet* $x \sim^\pi y$, *dass* x *und* y *benachbart sind, wenn man* B_R *als Torus sieht*.

Stetiger Fall. Ein entsprechendes PGA gilt für den Prozess der reskalierten normierten Lokalzeiten. Der Beweis kann analog dem von [HKM06, Proposition 3.4] geführt werden bzw. findet sich in [GKS07, Lemma 3.1] (für den zeitdiskreten Fall; das kontinuierliche Prinzip gilt analog).

Proposition 3.1.2. *Es gelte*

$$t\kappa(t) \gg \begin{cases} \alpha_t^2 & \text{falls } d=1, \\ \alpha_t^2 \log(t\kappa(t)) & \text{falls } d=2, \\ \alpha_t^d & \text{falls } d\geq 3. \end{cases} \quad (3.15)$$

Für festes $R > 0$ betrachten wir den Raum der L^1-normierten reellen Funktionen mit Träger in Q_R, ausgestattet mit der schwachen Topologie, die durch Testintegrale gegen stetige Funktionen induziert wird. Unter $\mathbb{P}(\,\cdot\,\mathbb{1}_{\{\mathrm{supp}\,L_t \subseteq Q_R\}})$ erfüllt der Prozess $(L_t)_{t \geq 0}$ ein Prinzip großer Abweichungen mit Geschwindigkeit $t\kappa(t)/\alpha_t^2$ und Ratenfunktion $g^2 \mapsto \int_{\mathbb{R}^d} |\nabla g|^2$ für $g \in H^1(\mathbb{R}^d)$, $\mathrm{supp}\,g \subseteq Q_R$ (und ∞ sonst).

Wir benötigen dieses PGA für den Beweis von Theorem 2.1.6 (Phase 3) mit α_t aus der Definition (2.7) und von Theorem 2.1.7 (Phase 4) mit $\alpha_t = t^{1/d}$. Für diese beiden Fälle weisen wir an dieser Stelle die Voraussetzung (3.15) nach. Im Fall von Phase 3 verwenden wir hierfür die Eigenschaften aus Lemma 2.1.5.

In $d \geq 3$ bzw. $d = 1$ sind $t\kappa(t) \gg \alpha_t^d$ bzw. $t\kappa(t) \gg \alpha_t^2$ erfüllt: Für Phase 3 folgt das aus Lemma 2.1.5(d) und für Phase 4 aus $\kappa(t) \asymp t^{2/d}$ und $\alpha_t^d = t$ bzw. $\alpha_t^2 = t^{2/d}$. Zu $d = 2$: Wegen $\kappa(t) \preceq t^{2/d}$ ist der Term $\log(t\kappa(t))$ in beiden Phasen von höchstens logarithmischer Größenordnung, während in Phase 3 wegen Lemma 2.1.5(d) und (b) der Term $t\kappa(t)/\alpha_t^2 \gg \alpha_t$ schneller wächst und in Phase 4 wegen $t\kappa(t)/t^{2/d} \asymp t$ ebenfalls.

Die Variationsprobleme auf der Box. Nach Anwendung von Varadhans Lemma für die beschriebenen PGA werden Variationsprobleme entstehen. Durch die Einschränkung auf kompakte Boxen lassen diese zunächst nur Minimierer mit kompaktem Träger zu. Wir geben im Folgenden an, welche Variationsformeln wir im Verlauf unserer Beweise erhalten werden.

Im diskreten Fall erinnern wir an die in (3.13) und (3.14) angegebenen Ratenfunktionen $S^{0,R}$ und $S^{\pi,R}$, wobei $R \in \mathbb{N}$ beliebig ist. Weiterhin definieren wir für $p \in \mathcal{M}_1(\mathbb{Z}^d)$ mit $\mathrm{supp}\,p \subseteq B_R$

$$J_\gamma^R(p) = - \sum_{z \in B_R} \hat{H}(p(z)), \tag{3.16}$$

die Funktion $\hat{H}$ wurde in (2.2) (abhängig von $\gamma \geq 0$) definiert. Die Variationsformeln, welche nach geeigneter Umformung der kompaktifizierten Erwartungswerte (3.10) bzw. (3.12) auftauchen werden, sind

$$\chi_\gamma^{d,0}(\rho, R) = \inf\{S^{0,R}(p) + \rho J_\gamma^R(p) \,:\, p \in \mathcal{M}_1(\mathbb{Z}^d),\, \mathrm{supp}\,p \subseteq B_R\}, \quad \rho > 0, \tag{3.17}$$

bzw.

$$\chi_\gamma^{d,\pi}(\rho, R) = \inf\{S^{\pi,R}(p) + \rho J_\gamma^R(p) \,:\, p \in \mathcal{M}_1(B_R)\}, \quad \rho > 0. \tag{3.18}$$

Beim Beweis zu den Theoremen 2.1.6 und 2.1.7 stoßen wir auf die folgenden stetigen Variationsprobleme auf der Box Q_R, $R > 0$, mit Nullrandbedingungen:

$$\chi_\gamma^{c,0}(\rho, R) = \inf\Big\{\int_{Q_R} |\nabla g|^2 - \rho \int_{Q_R} \hat{H} \circ g^2 \,:\,$$
$$g \in H^1(\mathbb{R}^d),\, \mathrm{supp}\,g \subseteq Q_R,\, \|g\|_2 = 1\Big\}, \quad \rho > 0, \tag{3.19}$$

und

$$\chi_H^{\text{(RWRS)},0}(\theta, R) = \inf\Big\{ \int_{Q_R} |\nabla g|^2 - \theta \int_{Q_R} H(g^2(x))\,\mathrm{d}x :$$
$$g \in \mathrm{H}^1(\mathbb{R}^d),\ \mathrm{supp}\,g \subseteq Q_R,\ \|g\|_2 = 1 \Big\}, \quad \theta > 0. \quad (3.20)$$

Um diese kompaktifizierten Variationsprobleme wieder auf den gesamten $\mathbb{Z}^d$ bzw. $\mathbb{R}^d$ auszuweiten, muss auf geeignete Weise der Parameter R gegen Unendlich geschickt werden. In den Abschnitten 3.4.2 sowie 3.4.3 werden wir Ergebnisse für den diskreten sowie den stetigen Fall sammeln, welche die dafür nötige Arbeit erleichtern sollen.

3.2 Aus der Trickkiste der Analysis

3.2.1 Konvexität und Unterhalbstetigkeit

Konvexität. Sowohl die Kumulantenerzeugende H als auch ihre asymptotische Gestalt $\hat{H}$ (siehe (2.2)) sind konvexe Funktionen. Wir werden diese Eigenschaft ab und zu ausnutzen, und zwar in Form der folgenden bekannten Aussagen, welche wir der Vollständigkeit halber hier angeben.

Lemma 3.2.1. *Es sei $f: [0, \infty) \to \mathbb{R}$ eine konvexe Funktion mit $f(0) = 0$.*

(a) *Für alle $x \in [0, \infty)$ gilt*

$$f(\lambda x) \leq \lambda f(x) \quad \textit{für } \lambda \in [0,1] \quad \textit{und}$$
$$f(\lambda x) \geq \lambda f(x) \quad \textit{für } \lambda \geq 1.$$

(b) *f ist superlinear, d.h. für jede abzählbare Teilmenge $V \subseteq [0, \infty)$ ist*

$$f\Big(\sum_{x \in V} x\Big) \geq \sum_{x \in V} f(x).$$

Unterhalbstetigkeit. Für die Anwendung von Varadhans Lemma braucht man unterhalbstetige Funktionen. In unserem Fall wird das für die Abbildung $f \mapsto \int_{Q_R} \hat{H}(f(y))\,\mathrm{d}y$ zu zeigen sein, was wir an dieser Stelle als eigenständiges Ergebnis tun, und zwar getrennt für die beiden Fälle $\gamma = 1$ und $\gamma \neq 1$. Wir erinnern hierbei an die Definition von $\hat{H}$ in (2.2). Die im folgenden Lemma in Teil (a) betrachtete Funktion behandelt den Fall $\gamma = 1$; für den Fall $\gamma \neq 1$ (und $\gamma > 0$) reicht es wegen $\int_{Q_R} f = 1$, die in Teil (b) gegebene Funktion zu untersuchen.

Lemma 3.2.2. *Wir betrachten den $\mathrm{L}^1(\mathbb{R}^d)$ mit der in Proposition 3.1.2 beschriebenen Topologie. Dann sind die folgenden Abbildungen $\mathrm{L}^1(\mathbb{R}^d) \to \mathbb{R}$ unterhalbstetig in $f \in \mathcal{C}_\mathrm{c}(\mathbb{R}^d)$ mit $f \geq 0$ und Träger in Q_R:*

(a) $f \mapsto \int_{Q_R} f \log f$,

(b) $f \mapsto \frac{1}{\gamma-1} \int_{Q_R} f^\gamma$, $\gamma > 0$, $\gamma \neq 1$.

Beweis. (a) Das ist [HKM06, Lemma 3.5].

(b) Diese Aussage steckt implizit in den Rechnungen in [HKM06, Seite 351]. Zur besseren Übersicht geben wir hier den expliziten Beweis.

Sei $\phi(x) = x^\gamma/(\gamma - 1)$, $x \geq 0$. Diese Funktion ist für alle $\gamma \neq 1$ konvex, daher gilt $\phi(x) \geq g_y(x)$ für alle $x, y \geq 0$, wobei $g_y(x) = \frac{\gamma}{\gamma-1} y^{\gamma-1} x - y^\gamma$ die Tangente von ϕ an y ist. Sei nun $(f_t)_t$ eine Folge von nichtnegativen Funktionen aus $L^1(\mathbb{R}^d)$ mit Träger in Q_R, die schwach gegen f konvergiert (in der Topologie von Proposition 3.1.2). Dann gilt für alle $\varepsilon > 0$:

$$\frac{1}{\gamma-1} \int_{Q_R} f_t(x)^\gamma \mathrm{d}x = \int_{Q_R} \phi(f_t(x)) \mathrm{d}x \geq \int_{Q_R} g_y(f_t(x)) \mathrm{d}x,$$

wobei wir jeweils $y = f(x) \vee \varepsilon$ setzen. Einsetzen von g_y ergibt

$$\frac{1}{\gamma-1} \int_{Q_R} f_t(x)^\gamma \mathrm{d}x \geq \frac{\gamma}{\gamma-1} \int_{Q_R} (f(x) \vee \varepsilon)^{\gamma-1} f_t(x) \mathrm{d}x - \int_{Q_R} (f(x) \vee \varepsilon)^\gamma \mathrm{d}x.$$

Da f stetig ist, ist $(f(\cdot) \vee \varepsilon)^{\gamma-1}$ stetig. Wegen der schwachen Konvergenz können wir daher im ersten Integral auf der rechten Seite f_t für $t \to \infty$ durch f ersetzen. Wir erhalten

$$\liminf_{t\to\infty} \frac{1}{\gamma-1} \int_{Q_R} f_t(x)^\gamma \mathrm{d}x \geq \int_{Q_R} g_{f(x)\vee\varepsilon}(f(x)) \mathrm{d}x$$

$$= \int_{Q_R} g_{f(x)}(f(x)) \mathbb{1}_{\{f(x)>\varepsilon\}} \mathrm{d}x + \int_{Q_R} g_\varepsilon(f(x)) \mathbb{1}_{\{f(x)\leq\varepsilon\}} \mathrm{d}x$$

$$= \frac{1}{\gamma-1} \int_{Q_R} f(x)^\gamma \mathbb{1}_{\{f(x)>\varepsilon\}} \mathrm{d}x + \int_{Q_R} \left(\frac{\gamma}{\gamma-1} \varepsilon^{\gamma-1} f(x) - \varepsilon^\gamma \right) \mathbb{1}_{\{f(x)\leq\varepsilon\}} \mathrm{d}x.$$

Im Integral über die Menge $\{f(x) \leq \varepsilon\}$ haben wir für den ersten Summanden die Abschätzung $\frac{\gamma}{\gamma-1}\varepsilon^{\gamma-1} f = \frac{1}{\gamma-1}\varepsilon^{\gamma-1} f + \varepsilon^{\gamma-1} f \geq \frac{1}{\gamma-1} f^\gamma + \varepsilon^{\gamma-1} f \geq \frac{1}{\gamma-1} f^\gamma$ für alle $\gamma \neq 1$. Dieser Term wird mit dem ersten Integral zusammengefasst, sodass sich die Indikatoren zu 1 addieren. Im (negativen) zweiten Summanden des zweiten Integrals können wir den Indikator gegen 1 abschätzen. Es ergibt sich

$$\liminf_{t\to\infty} \frac{1}{\gamma-1} \int_{Q_R} f_t(x)^\gamma \mathrm{d}x \geq \frac{1}{\gamma-1} \int_{Q_R} f(x)^\gamma \mathrm{d}x - \varepsilon^\gamma |Q_R|.$$

Da der zweite Term im Grenzübergang $\varepsilon \to 0$ verschwindet, ist somit die Unterhalbstetigkeit gezeigt. □

3.2. AUS DER TRICKKISTE DER ANALYSIS

3.2.2 Der Hölder-Trick

Im Beweis von Theorem 2.1.6 werden wir aufgrund fehlender Stetigkeiten vor dem Problem stehen, dass die Asymptotik (2.1) der Kumulantenerzeugenden nur dort anwendbar ist, wo wir die Lokalzeiten bei einem Parameter $M > 0$ abgeschnitten haben. Der Restterm (in welchem die Lokalzeiten größer als M sind) muss zunächst vom Hauptterm getrennt und dann – mit einigem Aufwand – weggeschätzt werden. Die Grundidee des Trennens besteht hierbei darin, einen Hilfsparameter $\eta > 0$ einzuführen und in geeigneter Weise die Hölder-Ungleichung zu verwenden. Um diese Idee hervorzuheben und gleichzeitig den eigentlichen Beweis des Theorems technisch zu entlasten, beschreiben wir an dieser Stelle den „Hölder-Trick" mit einem Lemma.

Lemma 3.2.3. *Gegeben seien zwei Folgen $(\mathcal{H}_{M,t})_{M,t>0}$ und $(\mathcal{R}_{M,t})_{M,t>0}$ von Zufallsgrößen, eine Folge $(A_t)_{t>0}$ von Ereignissen und eine Skalierungsfunktion $s_t \to \infty$, sodass*

$$\limsup_{M\to\infty} \limsup_{t\to\infty} \frac{1}{s_t} \log \mathbb{E}\big[e^{\omega \mathcal{R}_{M,t}} \mathbb{1}_{A_t}\big] \leq 0 \qquad (3.21)$$

für jedes $\omega \in \mathbb{R}$ erfüllt ist. Weiter sei $\chi > 0$.

(a) *Falls*

$$\liminf_{\eta \downarrow 0} \liminf_{M\to\infty} \liminf_{t\to\infty} \frac{1}{s_t} \log \mathbb{E}\big[e^{(1-\eta)\mathcal{H}_{M,t}} \mathbb{1}_{A_t}\big] \geq -\chi, \qquad (3.22)$$

so folgt

$$\liminf_{M\to\infty} \liminf_{t\to\infty} \frac{1}{s_t} \log \mathbb{E}\big[e^{\mathcal{H}_{M,t}+\mathcal{R}_{M,t}} \mathbb{1}_{A_t}\big] \geq -\chi.$$

(b) *Falls*

$$\limsup_{\eta \downarrow 0} \limsup_{M\to\infty} \limsup_{t\to\infty} \frac{1}{s_t} \log \mathbb{E}\big[e^{(1+\eta)\mathcal{H}_{M,t}} \mathbb{1}_{A_t}\big] \leq -\chi, \qquad (3.23)$$

so folgt

$$\limsup_{M\to\infty} \limsup_{t\to\infty} \frac{1}{s_t} \log \mathbb{E}\big[e^{\mathcal{H}_{M,t}+\mathcal{R}_{M,t}} \mathbb{1}_{A_t}\big] \leq -\chi.$$

Beweis. (a) Sei $\eta \in (0,1)$. Mit $p = \frac{1}{1-\eta} > 1$ und $q = \frac{1}{\eta} > 1$ gilt $\frac{1}{p} + \frac{1}{q} = 1$. Anwenden der Hölder-Ungleichung ergibt

$$\mathbb{E}\big[e^{(1-\eta)\mathcal{H}_{M,t}} \mathbb{1}_{A_t}\big] = \mathbb{E}\big[e^{(1-\eta)(\mathcal{H}_{M,t}+\mathcal{R}_{M,t})} e^{-(1-\eta)\mathcal{R}_{M,t}} \mathbb{1}_{A_t}\big]$$
$$\leq \mathbb{E}\big[e^{\mathcal{H}_{M,t}+\mathcal{R}_{M,t}} \mathbb{1}_{A_t}\big]^{1-\eta} \mathbb{E}\big[e^{-\frac{1-\eta}{\eta}\mathcal{R}_{M,t}} \mathbb{1}_{A_t}\big]^{\eta},$$

also

$$\frac{1}{s_t} \log \mathbb{E}\big[e^{\mathcal{H}_{M,t}+\mathcal{R}_{M,t}} \mathbb{1}_{A_t}\big] \geq \frac{1}{s_t} \frac{1}{1-\eta} \log \mathbb{E}\big[e^{(1-\eta)\mathcal{H}_{M,t}} \mathbb{1}_{A_t}\big] - \frac{1}{s_t} \frac{\eta}{1-\eta} \log \mathbb{E}\big[e^{-\frac{1-\eta}{\eta}\mathcal{R}_{M,t}} \mathbb{1}_{A_t}\big]$$

für alle $M, t > 0$. Der zweite Summand kann aufgrund von (3.21) im Grenzübergang $t \to \infty$ und dann $M \to \infty$ gegen Null abgeschätzt werden, d.h. es gilt

$$\liminf_{M \to \infty} \liminf_{t \to \infty} \frac{1}{s_t} \log \mathbb{E}\left[e^{\mathcal{H}_{M,t}+\mathcal{R}_{M,t}} \mathbb{1}_{A_t}\right] \geq \liminf_{M \to \infty} \liminf_{t \to \infty} \frac{1}{s_t} \frac{1}{1-\eta} \log \mathbb{E}\left[e^{(1-\eta)\mathcal{H}_{M,t}} \mathbb{1}_{A_t}\right]$$

für alle $\eta \in (0, 1)$. Mit $\eta \downarrow 0$ folgt wegen (3.22) die Behauptung.

(b) Diesmal wählen wir $p = 1 + \eta$ und $q = \frac{1+\eta}{\eta}$ mit $\eta > 0$, dann gibt uns die Hölder-Ungleichung

$$\mathbb{E}\left[e^{\mathcal{H}_{M,t}+\mathcal{R}_{M,t}} \mathbb{1}_{A_t}\right] \leq \mathbb{E}\left[e^{(1+\eta)\mathcal{H}_{M,t}} \mathbb{1}_{A_t}\right]^{\frac{1}{1+\eta}} \mathbb{E}\left[e^{\frac{1+\eta}{\eta}\mathcal{R}_{M,t}} \mathbb{1}_{A_t}\right]^{\frac{\eta}{1+\eta}}$$

für alle $M, t > 0$. Die restliche Argumentation verläuft völlig analog zu (a). $\square$

3.2.3 Regulär variierende Funktionen

Eine messbare Funktion $f \colon \mathbb{R} \to (0, \infty)$ heißt regulär variierend mit Index $a \in \mathbb{R}$, falls für alle $\lambda > 0$ gilt, dass $\lim_{t \to \infty} f(\lambda t)/f(t) = \lambda^a$. Wir führen hierfür die Bezeichnung $f \sim \mathrm{RV}(a)$ ein. Um für den Beweis von Lemma 2.1.5 gerüstet zu sein, sammeln wir hier die wichtigsten Tatsachen über regulär variierende Funktionen. Standardquelle für alle Aussagen ist [BGT87]. Weiterhin ist [G05, Abschnitt A.7] sehr nützlich.

Die folgenden einfachen Aussagen über regulär variierende Funktionen sind aus der Definition ersichtlich beziehungsweise in [BGT87, Proposition 1.5.7] aufgezählt.

Lemma 3.2.4. *Es seien $f \sim \mathrm{RV}(a)$ und $g \sim \mathrm{RV}(b)$.*

(a) *Dann ist $fg \sim \mathrm{RV}(a + b)$.*

(b) *Für jedes $d > 0$ ist $f^d \sim \mathrm{RV}(ad)$.*

(c) *Wenn $\lim_{t \to \infty} g(t) = \infty$, so ist die Hintereinanderausführung $f \circ g \sim \mathrm{RV}(ab)$.*

Aus [BGT87, Theorem 1.4.1 und Proposition 1.3.6(i)] ergibt sich die folgende Asymptotik regulär variierender Funktionen.

Lemma 3.2.5. *Für $f \sim \mathrm{RV}(a)$ gilt $f(t) = t^{a+o(1)}$ für $t \to \infty$. Insbesondere gilt $\lim_{t \to \infty} f(t) = \infty$, falls $a > 0$.*

In diesem Fall können wir immer davon ausgehen, dass die Funktion ab einem gewissen t_0 monoton wächst, siehe [BGT87, Theorem 1.5.3].

Lemma 3.2.6. *Zu $f \sim \mathrm{RV}(a)$ mit $a > 0$ gibt es eine monoton wachsende Funktion $\tilde{f} \sim \mathrm{RV}(a)$ mit $f \asymp \tilde{f}$.*

3.2. AUS DER TRICKKISTE DER ANALYSIS

Wir betrachten nun die verallgemeinerte Umkehrfunktion von $f\colon (0,\infty) \to (0,\infty)$,
$$f^-(x) = \inf\{y > 0 : f(y) \geq x\},$$
und zitieren [BGT87, Theorem 1.5.12].

Proposition 3.2.7. *Sei $f \sim \mathrm{RV}(a)$ mit $a > 0$. Dann existiert $g \sim \mathrm{RV}(1/a)$ so, dass $f \circ g(x) \asymp g \circ f(x) \asymp x$ für $x \to \infty$. Dieses g ist bis auf asymptotische Äquivalenz eindeutig bestimmt, insbesondere ist f^- eine solche asymptotische Inverse.*

Schließlich brauchen wir noch die folgende Abschätzung für unsere Kumulantenerzeugende H, die im Fall von Theorem 2.1.6 (Phase 3) mit Parameter $\gamma \in [0, 1+2/d)$ regulär variiert.

Proposition 3.2.8. *Es gelte $H \sim \mathrm{RV}(\gamma)$. Zu jedem $\delta > 0$, $\delta > 1 - \gamma$, gibt es ein $A > 0$ und $t_0 > 0$ so, dass für alle $y \geq 1$ und alle $t \geq t_0$*
$$\frac{H(ty) - yH(t)}{K_H(t)} \leq Ay^{\gamma+\delta}$$

gilt.

Diese Proposition ergibt sich aus [BGT87, Theorem 3.8.6(a)], wenn man dort $f(t) = H(t)/t$ und $g(t) = K_H(t)/t$ setzt.

3.2.4 Sobolevungleichungen

Stetige Sobolevungleichung. Gemäß [LL01, Theoreme 8.3 und 8.5] gilt mit geeigneten Konstanten $c > 0$

in $d = 1$:	$\|g^2\|_\infty \leq c(\|g\|_2^2 + \|\nabla g\|_2^2),$	(3.24)
in $d = 2$:	$\|g^2\|_p \leq c(\|g\|_2^2 + \|\nabla g\|_2^2),\quad p \geq 1,$	(3.25)
in $d \geq 3$:	$\|g^2\|_{\frac{d}{d-2}} \leq c\|\nabla g\|_2^2.$	(3.26)

Dabei ist $\|\nabla g\|_2^2 = \int_{\mathbb{R}^d} |\nabla g(x)|^2 \mathrm{d}x$. Einige geeignete Umformungen führen zu den folgenden Ungleichungen.

Proposition 3.2.9. *Sei $\gamma > 1$ mit $\gamma(d-2) < d$ und sei $\delta \in (0,1)$. Dann gibt es eine Konstante $c = c_{d,\gamma} > 0$ (bzw. $c = c_{d,\gamma,\delta}$ in $d = 2$) so, dass für alle $g \in \mathrm{H}^1(\mathbb{R}^d)$*

$$\int_{\mathbb{R}^d} g^{2\gamma} \leq c \|\nabla g\|_2^{d(\gamma-1)} \|g\|_2^{d-\gamma(d-2)} \quad \text{für } d \neq 2 \tag{3.27}$$

und

$$\int_{\mathbb{R}^d} g^{2\gamma} \leq c(\|g\|_2^2 + \|\nabla g\|_2^2)^{\gamma-1+\delta} \|g\|_2^{2(1-\delta)} \quad \text{für } d = 2 \tag{3.28}$$

erfüllt ist.

Da wir in unseren Theoremen zu den stetigen Phasen 3 und 4 nur $\gamma < 1 + 2/d$ betrachten, ist insbesondere auch die Ungleichung $\gamma(d-2) < d$ erfüllt.

Beweis. In $d = 1$ erkennen wir aus dem Beweis von (3.24) in [LL01, Theorem 8.5(a)], dass $\|g\|_\infty^2 \leq \|g\|_2 \|\nabla g\|_2$. Für $\gamma > 1$ folgt hieraus

$$\int_\mathbb{R} g^{2\gamma} \leq \|g\|_\infty^{2(\gamma-1)} \|g\|_2^2 \leq \|\nabla g\|_2^{\gamma-1} \|g\|_2^{\gamma+1},$$

was (3.27) zeigt. Sei nun $d \geq 3$. Wir definieren $\varepsilon = d - \gamma(d-2)$. Wegen $\gamma(d-2) < d$ gilt $\varepsilon > 0$ und wegen $\gamma > 1$ ist $\varepsilon/2 < 1$. Aus der Hölder-Ungleichung mit $\varepsilon/2 + (2-\varepsilon)/2 = 1$ erhalten wir

$$\int_{\mathbb{R}^d} g^{2\gamma} = \int_{\mathbb{R}^d} g^\varepsilon g^{2\gamma - \varepsilon} \leq \left(\int_{\mathbb{R}^d} g^2\right)^{\varepsilon/2} \left(\int_{\mathbb{R}^d} g^{2(2\gamma-\varepsilon)/(2-\varepsilon)}\right)^{(2-\varepsilon)/2}.$$

Nach Definition von ε haben wir $2(2\gamma - \varepsilon)/(2-\varepsilon) = 2d/(d-2)$ und $(2-\varepsilon)/2 = (d-2)(\gamma-1)/2$, also folgt aus (3.26)

$$\int_{\mathbb{R}^d} g^{2\gamma} \leq c \|g\|_2^{d-\gamma(d-2)} \|\nabla g\|_2^{d(\gamma-1)},$$

d.h. (3.27) ist erfüllt.

Sei $d = 2$. Wir setzen $p = 1 + (\gamma-1)/\delta$ und schreiben

$$\int_{\mathbb{R}^2} g^{2\gamma} = \int_{\mathbb{R}^2} \left(g^{2(p-1)}\right)^\delta \frac{g^2}{\int_{\mathbb{R}^2} g^2} \cdot \int_{\mathbb{R}^2} g^2.$$

Verwenden wir zuerst Jensens Ungleichung und anschließend die Sobolevungleichung (3.25), so erhalten wir

$$\int_{\mathbb{R}^2} g^{2\gamma} \leq \left(\int_{\mathbb{R}^2} g^{2p}\right)^\delta \left(\int_{\mathbb{R}^2} g^2\right)^{1-\delta} \leq c(\|g\|_2^2 + \|\nabla g\|_2^2)^{p\delta} \|g\|_2^{2(1-\delta)}.$$

Da $p\delta = \gamma - 1 + \delta$, ist damit (3.28) gezeigt. $\square$

Diskrete Sobolevungleichung. Eine analoge Ungleichung zu (3.27) lässt sich auch für endliche Maße auf dem $\mathbb{Z}^d$ herstellen. Für unsere Anwendung reicht die Formulierung für Wahrscheinlichkeitsmaße. Wir definieren

$$S(p) = -(\Delta\sqrt{p}, \sqrt{p}) = \frac{1}{2} \sum_{\substack{(x,y) \in \mathbb{Z}^d \times \mathbb{Z}^d \\ x \sim y}} \left(\sqrt{p(y)} - \sqrt{p(x)}\right)^2 \quad \text{für } p \in \mathcal{M}_1(\mathbb{Z}^d). \quad (3.29)$$

3.2. AUS DER TRICKKISTE DER ANALYSIS

Lemma 3.2.10. *Es sei $\gamma > 1$ mit $\gamma(d-2) < d$. Dann gibt es eine Konstante $c = c_{d,\gamma} > 0$ so, dass für alle $p \in \mathcal{M}_1(\mathbb{Z}^d)$*

$$\sum_{z \in \mathbb{Z}^d} p(z)^\gamma \leq c S(p)^{d(\gamma-1)/2}. \tag{3.30}$$

In $d = 1$ gilt weiterhin für alle $p \in \mathcal{M}_1(\mathbb{Z})$

$$\|p\|_\infty \leq S(p)^{1/2}. \tag{3.31}$$

Aufgrund der Bedingung $\gamma(d-2) < d$ ist der Exponent $d(\gamma-1)/2$ in (3.30) kleiner als γ. Falls $d \geq 3$ ist, kann man für den Randfall $\gamma = d/(d-2)$ die entsprechende Ungleichung $\|p\|_\gamma \leq cS(p)$ zeigen, was die diskrete Entsprechung zur stetigen Sobolevungleichung (3.26) ist.

Beweis. Die meisten Beweisideen basieren auf [CGH01, Lemma 1]. Wir beginnen mit dem Beweis von (3.30) für $d \geq 2$. Hierfür zeigen wir zunächst per Induktion nach d, dass für alle $v \colon \mathbb{Z}^d \to [0, \infty)$ mit $\|v\|_1 < \infty$ (und folglich $\|v\|_q < \infty$ für alle $q > 1$) die Ungleichung

$$\sum_{z \in \mathbb{Z}^d} v(z)^{\frac{d}{d-1}} \leq \Big(\frac{1}{2} \sum_{x \in \mathbb{Z}^d} \sum_{y \sim x} |v(x) - v(y)|\Big)^{\frac{d}{d-1}} \tag{3.32}$$

erfüllt ist.

Sei $d = 2$, d.h. $d/(d-1) = 2$. Dann gilt für $z = (z_1, z_2)$

$$v(z) = \sum_{x=z_1}^{\infty} \big(v(x, z_2) - v(x+1, z_2)\big) \leq \sum_{x \in \mathbb{Z}} |v(x, z_2) - v(x+1, z_2)|$$

und analog mit vertauschten Rollen von z_1 und z_2. Damit folgt

$$\sum_{z \in \mathbb{Z}^2} v(z)^2 \leq \sum_{(z_1, z_2) \in \mathbb{Z}^2} \Big(\sum_{x \in \mathbb{Z}} |v(x, z_2) - v(x+1, z_2)|\Big)\Big(\sum_{y \in \mathbb{Z}} |v(z_1, y) - v(z_1, y+1)|\Big)$$

$$= \Big(\sum_{z_2 \in \mathbb{Z}} \sum_{x \in \mathbb{Z}} |v(x, z_2) - v(x+1, z_2)|\Big)\Big(\sum_{z_1 \in \mathbb{Z}} \sum_{y \in \mathbb{Z}} |v(z_1, y) - v(z_1, y+1)|\Big)$$

$$= \Big(\sum_{z \in \mathbb{Z}^2} |v(z) - v(z+e_1)|\Big)\Big(\sum_{z \in \mathbb{Z}^2} |v(z) - v(z+e_2)|\Big)$$

$$\leq \Big(\frac{1}{2} \sum_{z \in \mathbb{Z}^2} \sum_{\tilde{z} \sim z} |v(z) - v(\tilde{z})|\Big)^2.$$

Damit ist der Induktionsanfang gezeigt. Sei nun $d \geq 3$ und sei $x \in \mathbb{Z}$ fest. Wir verwenden die Notation (x, y) für den d-dimensionalen Vektor mit x in der ersten

Komponente und $y \in \mathbb{Z}^{d-1}$ in den übrigen. Gemäß Induktionsvoraussetzung haben wir
$$\sum_{y \in \mathbb{Z}^{d-1}} v(x,y)^{\frac{d-1}{d-2}} \leq \Big(\frac{1}{2} \sum_{z \in \mathbb{Z}^{d-1}} \sum_{\tilde{z} \sim z} |v(x,z) - v(x,\tilde{z})|\Big)^{\frac{d-1}{d-2}}.$$
Weiterhin verwenden wir die Hölder-Ungleichung mit $\frac{1}{d-1} + \frac{d-2}{d-1} = 1$ und erhalten
$$\sum_{\substack{z \in \mathbb{Z}^d \\ z_1 = x}} v(z)^{\frac{d}{d-1}} = \sum_{y \in \mathbb{Z}^{d-1}} v(x,y)^{\frac{1}{d-1}} v(x,y)$$
$$\leq \Big(\sum_{y \in \mathbb{Z}^{d-1}} v(x,y)\Big)^{\frac{1}{d-1}} \Big(\sum_{y \in \mathbb{Z}^{d-1}} v(x,y)^{\frac{d-1}{d-2}}\Big)^{\frac{d-2}{d-1}}$$
$$\leq \Big(\sum_{y \in \mathbb{Z}^{d-1}} v(x,y)\Big)^{\frac{1}{d-1}} \frac{1}{2} \sum_{z \in \mathbb{Z}^{d-1}} \sum_{\tilde{z} \sim z} |v(x,z) - v(x,\tilde{z})|.$$
Den ersten Faktor behandeln wir analog zum Fall $d = 2$:
$$\sum_{y \in \mathbb{Z}^{d-1}} v(x,y) = \sum_{y \in \mathbb{Z}^{d-1}} \sum_{z_1 = x}^{\infty} \big(v(z_1,y) - v(z_1+1,y)\big)$$
$$\leq \sum_{z \in \mathbb{Z}^d} |v(z) - v(z+e_1)| \leq \frac{1}{2} \sum_{z \in \mathbb{Z}^d} \sum_{\tilde{z} \sim z} |v(z) - v(\tilde{z})| =: D.$$
Summieren über $x \in \mathbb{Z}$ ergibt
$$\sum_{z \in \mathbb{Z}^d} v(z)^{\frac{d}{d-1}} = \sum_{x \in \mathbb{Z}} \sum_{\substack{z \in \mathbb{Z}^d \\ z_1 = x}} v(z)^{\frac{d}{d-1}} \leq D^{\frac{1}{d-1}} \sum_{x \in \mathbb{Z}} \frac{1}{2} \sum_{z \in \mathbb{Z}^{d-1}} \sum_{\tilde{z} \sim z} |v(x,z) - v(x,\tilde{z})|$$
$$\leq D^{\frac{1}{d-1}} \frac{1}{2} \sum_{z \in \mathbb{Z}^d} \sum_{\tilde{z} \sim z} |v(z) - v(\tilde{z})| = D^{\frac{d}{d-1}},$$
was die Induktion beendet.

Wir definieren
$$\varepsilon = \frac{d - \gamma(d-2)}{2 + (\gamma-1)d} \quad \text{bzw.} \quad 1 - \varepsilon = \frac{2(d-1)(\gamma-1)}{2 + (\gamma-1)d}.$$
Dann ist $\varepsilon > 0$ wegen $\gamma(d-2) < d$ und $\varepsilon < 1$ wegen $\gamma > 1$ und $d \geq 2$. Aufgrund der Hölder-Ungleichung und $p \in \mathcal{M}_1(\mathbb{Z}^d)$ gilt
$$\sum_{z \in \mathbb{Z}^d} p(z)^{\gamma} = \sum_{z \in \mathbb{Z}^d} \big(p(z)\big)^{\varepsilon} \big(p(z)^{\frac{\gamma-\varepsilon}{1-\varepsilon}}\big)^{1-\varepsilon}$$
$$\leq \Big(\sum_{z \in \mathbb{Z}^d} p(z)\Big)^{\varepsilon} \Big(\sum_{z \in \mathbb{Z}^d} p(z)^{\frac{\gamma-\varepsilon}{1-\varepsilon}}\Big)^{1-\varepsilon} = \Big(\sum_{z \in \mathbb{Z}^d} p(z)^{\frac{\gamma-\varepsilon}{1-\varepsilon}}\Big)^{1-\varepsilon}.$$

3.2. AUS DER TRICKKISTE DER ANALYSIS

Sei $\alpha = \frac{(\gamma-\varepsilon)(d-1)}{(1-\varepsilon)d}$. Nach Definition von ε gilt $2\alpha = \gamma + 1$ und somit $\alpha > 1$. Wegen $p \in \mathcal{M}_1(\mathbb{Z}^d)$ können wir (3.32) auf $v(z) = p(z)^\alpha$ anwenden und erhalten

$$\sum_{z \in \mathbb{Z}^d} p(z)^\gamma \leq \Big(\sum_{z \in \mathbb{Z}^d} p(z)^{\frac{\alpha d}{d-1}}\Big)^{1-\varepsilon} \leq \Big(\frac{1}{2} \sum_{x \in \mathbb{Z}^d} \sum_{y \sim x} |(\sqrt{p(x)})^{2\alpha} - (\sqrt{p(y)})^{2\alpha}|\Big)^{\frac{(1-\varepsilon)d}{d-1}}.$$

Aus dem Mittelwertsatz erhalten wir die Ungleichung $|a^q - b^q| \leq q|a-b|(a^{q-1}+b^{q-1})$ für $a,b \geq 0$ und $q > 1$. Angewandt auf $q = 2\alpha = \gamma + 1$ folgt

$$\sum_{z \in \mathbb{Z}^d} p(z)^\gamma \leq c_1 \Big(\frac{1}{2} \sum_{x \in \mathbb{Z}^d} \sum_{y \sim x} |\sqrt{p(x)} - \sqrt{p(y)}|\big(p(x)^{\gamma/2} + p(y)^{\gamma/2}\big)\Big)^{\frac{(1-\varepsilon)d}{d-1}}$$

mit einer Konstanten $c_1 > 0$. Aus Symmetriegründen können wir dies umschreiben zu

$$\sum_{z \in \mathbb{Z}^d} p(z)^\gamma \leq c_1 \Big(\sum_{x \in \mathbb{Z}^d} p(x)^{\gamma/2} \sum_{y \sim x} |\sqrt{p(x)} - \sqrt{p(y)}|\Big)^{\frac{(1-\varepsilon)d}{d-1}}.$$

Aus der Cauchy–Schwarz-Ungleichung ergibt sich

$$\sum_{z \in \mathbb{Z}^d} p(z)^\gamma \leq c_1 \Big(\sum_{x \in \mathbb{Z}^d} p(x)^\gamma\Big)^{\frac{(1-\varepsilon)d}{2(d-1)}} \Big(\sum_{x \in \mathbb{Z}^d} \Big(\sum_{y \sim x} |\sqrt{p(x)} - \sqrt{p(y)}|\Big)^2\Big)^{\frac{(1-\varepsilon)d}{2(d-1)}}$$

bzw.

$$\Big(\sum_{z \in \mathbb{Z}^d} p(z)^\gamma\Big)^{\frac{2(d-1)}{(1-\varepsilon)d}-1} \leq c_2 \sum_{x \in \mathbb{Z}^d} \Big(\sum_{y \sim x} |\sqrt{p(x)} - \sqrt{p(y)}|\Big)^2$$

mit $c_2 > 0$. Der Exponent auf der linken Seite berechnet sich zu $\frac{2(d-1)}{(1-\varepsilon)d} - 1 = \frac{2}{d(\gamma-1)}$. Mit Jensens Ungleichung, angewandt auf das Wahrscheinlichkeitsmaß $(2d)^{-1}$ auf der Menge $\{y : y \sim x\}$, erhalten wir schließlich

$$\Big(\sum_{z \in \mathbb{Z}^d} p(z)^\gamma\Big)^{\frac{2}{d(\gamma-1)}} \leq \frac{c_3}{2} \sum_{x \in \mathbb{Z}^d} \sum_{y \sim x} |\sqrt{p(x)} - \sqrt{p(y)}|^2 = c_3 S(p)$$

mit einer Konstanten $c_3 > 0$. Damit ist (3.30) für $d \geq 2$ gezeigt.

Sei nun $d = 1$, also $p \in \mathcal{M}_1(\mathbb{Z})$. Wir betrachten die lineare Interpolation g von $\sqrt{p}$,

$$g(x) = \sqrt{p(\lfloor x \rfloor)} + \big(\sqrt{p(\lfloor x \rfloor + 1)} - \sqrt{p(\lfloor x \rfloor)}\big)(x - \lfloor x \rfloor), \quad x \in \mathbb{R}.$$

Dann ist $\|p\|_\infty = \|g\|_\infty^2$ und $g \in H^1(\mathbb{R})$ mit

$$\|g'\|_2^2 = \int_\mathbb{R} \big(\sqrt{p(\lfloor x \rfloor + 1)} - \sqrt{p(\lfloor x \rfloor)}\big)^2 dx = \sum_{z \in \mathbb{Z}} \big(\sqrt{p(z+1)} - \sqrt{p(z)}\big)^2 = S(p).$$

Mittels Integration erhält man außerdem

$$\begin{aligned}
\|g\|_2^2 &= \sum_{z\in\mathbb{Z}} \int_z^{z+1} \left(\sqrt{p(z)} + \left(\sqrt{p(z+1)} - \sqrt{p(z)}\right)(x-z)\right)^2 \mathrm{d}x \\
&= \sum_{\substack{z\in\mathbb{Z}\\ p(z)\neq p(z+1)}} \frac{(\sqrt{p(z+1)})^3 - (\sqrt{p(z)})^3}{3\left(\sqrt{p(z+1)} - \sqrt{p(z)}\right)} + \sum_{\substack{z\in\mathbb{Z}\\ p(z)=p(z+1)}} p(z) \\
&\leq \frac{1}{2} \sum_{\substack{z\in\mathbb{Z}\\ p(z)\neq p(z+1)}} \bigl(p(z+1)+p(z)\bigr) + \frac{1}{2} \sum_{\substack{z\in\mathbb{Z}\\ p(z)=p(z+1)}} \bigl(p(z+1)+p(z)\bigr) = 1.
\end{aligned}$$

Die letzte Ungleichung folgt aus $\frac{a^3-b^3}{a-b} = a^2 + ab + b^2 \leq \frac{3}{2}(a^2+b^2)$. Aus dem Beweis der eindimensionalen Sobolevungleichung in [LL01, Theorem 8.5(a)] erkennen wir $\|g\|_\infty^2 \leq \|g'\|_2 \|g\|_2$, also in unserem Fall

$$\|p\|_\infty = \|g\|_\infty^2 \leq S(p)^{1/2},$$

was (3.31) zeigt. Desweiteren folgt für $\gamma > 1$ und $p \in \mathcal{M}_1(\mathbb{Z})$

$$\sum_{z\in\mathbb{Z}} p(z)^\gamma \leq \|p\|_\infty^{\gamma-1} \leq S(p)^{(\gamma-1)/2},$$

womit auch (3.30) für $d=1$ bewiesen ist. $\square$

3.3 Hilfssätze aus der PAM- und RWRS-Literatur

3.3.1 Phase 3: Resultate aus [BK01] und [HKM06]

In diesem Abschnitt zitieren wir – zum Teil in abgewandelter Form – Sätze aus zwei der grundlegenden Artikel zur Asymptotik des PAM, welche wir für den Beweis der oberen Schranke von Theorem 2.1.6 benötigen werden.

Kompaktifizierung. Aus technischen Gründen werden wir nicht den üblichen Weg der Periodisierung gehen können, sondern eine Kompaktifizierungsmethode aus [BK01] verwenden. Diese besteht aus zwei Schritten. Zuerst wird auf eine sehr große Box von Größenordnung $r(t) \gg t\kappa(t)$ eingeschränkt, wobei nicht allzu schwer einzusehen ist, dass die Wahrscheinlichkeit, diese Box zu verlassen, für große t sehr klein wird (Lemma 3.3.1). Danach will man wesentlich kleinere Boxen von Größenordnung α_t betrachten und muss zeigen, dass der Hauptbeitrag am Erwartungswert $U(t)$ tatsächlich in einer solchen Box zu finden ist. Dies erreicht man durch eine Abschätzung des Haupteigenwerts von $\kappa(t)\Delta + \xi$ in der großen Box gegen das

3.3. HILFSSÄTZE AUS DER PAM- UND RWRS-LITERATUR

Maximum der entsprechenden Eigenwerte in den kleinen Boxen (Proposition 3.3.3). Beide Ideen beruhen auf früheren Beweisen zum parabolischen Anderson-Modell und wir können hier die Ergebnisse weitestgehend ohne Beweis übernehmen. Die einzige Anpassung für unseren Fall besteht im Ersetzen der Diffusionskonstanten κ durch die Funktion $\kappa(t)$, wodurch die Aussagen bzw. Beweise im Allgemeinen nicht beeinträchtigt werden.

Verlassenswahrscheinlichkeiten großer Boxen – Vorkompaktifizierung.

Das folgende Lemma ist eine Anpassung von [GM90, Lemma 4.3a]. Für beliebiges $R \in \mathbb{N}$ sei $\tau(R)$ der erste Zeitpunkt, zu dem die Irrfahrt $(X_t)_{t\geq 0}$ (mit Geschwindigkeit $\kappa(t)$) die Box B_R verlässt.

Lemma 3.3.1. *Es gilt*

$$\mathbb{P}(\tau(R) \leq t) \leq 2^{d+1} \exp\left(-R \log \frac{R}{dt\kappa(t)} + R\right).$$

Der Beweis aus [GM90] überträgt sich wortwörtlich, wobei wir jedes κ durch $\kappa(t)$ ersetzen. Wir werden später dieses Lemma mit $R = r(t)$ anwenden.

Eigenwertentwicklung – von der Makro- zur Mikrobox.

Wir beginnen mit einem technischen Lemma, welches (mit konstantem κ) als [BK01, Lemma 4.6] bewiesen wurde. Hierzu bezeichnen wir für $R < r \in \mathbb{N}$ und beliebiges (nichtzufälliges) Potential V auf dem $\mathbb{Z}^d$ mit $\lambda_r^t(V)$ den Haupteigenwert des Operators $\kappa(t)\Delta + V$ in der Box B_r mit Nullrandbedingungen, weiter sei $\lambda_{z,2R}^t(V)$ der Haupteigenwert dieses Operators in der Box mit Mittelpunkt $z \in \mathbb{Z}^d$ und Radius $2R$.

Lemma 3.3.2. *Es gibt eine Konstante $C > 0$ so, dass für jedes $R \in \mathbb{N}$ und jedes $t > 0$ eine Funktion $\Phi_{R,t}\colon \mathbb{Z}^d \to [0,\infty)$ mit den folgenden Eigenschaften existiert:*

(1) $\Phi_{R,t}$ *ist $2R$-periodisch in jeder Komponenten.*
(2) $\|\Phi_{R,t}\|_\infty \leq C\kappa(t)/R^2$.
(3) *Für jede Funktion $V\colon \mathbb{Z}^d \to [-\infty,\infty)$ und jedes $r > R$ gilt*

$$\lambda_r^t(V - \Phi_{R,t}) \leq \max_{z \in B_{r+2R}} \lambda_{z,2R}^t(V).$$

Man beachte die folgenden Änderungen gegenüber dem Original-Lemma. Erstens, in Eigenschaft (2) taucht ein zusätzliches $\kappa(t)$ auf, während im ursprünglichen Setting die an dieser Stelle dem Beweis entspringende Konstante κ in der Konstanten C unterging. Die auf diese Weise entstehende t-Abhängigkeit der Funktion $\Phi_{R,t}$ führt ansonsten zu keiner Veränderung des Beweises. Zweitens lässt Eigenschaft (3) auch positive Funktionswerte von V zu, während im Original diese Funktion nichtpositiv war; diese Eigenschaft wurde aber im Beweis nicht verwendet.

KAPITEL 3. VORBEREITUNGEN UND HILFSSÄTZE

Mithilfe von Lemma 3.3.2 lässt sich nun – analog [BK01, Proposition 4.4] – die folgende Proposition beweisen.

Proposition 3.3.3. *Es sei eine positive Funktion $r(t) \gg t\kappa(t)$ für $t \to \infty$ gegeben. Dann gibt es eine Konstante $C > 0$ so, dass für alle $R \in \mathbb{N}$ und hinreichend große $t > 0$ sowie für jede Funktion $V \colon \mathbb{Z}^d \to [-\infty, \infty)$ folgende Abschätzung gilt:*

$$\mathbb{E}\left[e^{\int_0^t V(X_s)\mathrm{d}s} \mathbb{1}_{\{\mathrm{supp}\,\ell_t \subseteq B_{r(t)}\}}\right] \leq e^{C\frac{t\kappa(t)}{R^2}} (3r(t))^d \exp\left(t \max_{z \in B_{r(t)+2R}} \lambda_{z,2R}^t(V)\right).$$

Beweisskizze. Wir nehmen die Funktion $\Phi_{R,t}$ aus Lemma 3.3.2 und verwenden die Abschätzung $\int_0^t \Phi_{R,t}(X_s)\mathrm{d}s \leq t\|\Phi_{R,t}\|_\infty$. Dann können wir aufgrund von Eigenschaft (2) der Funktion $\Phi_{R,t}$ schreiben:

$$\mathbb{E}\left[e^{\int_0^t V(X_s)\mathrm{d}s} \mathbb{1}_{\{\mathrm{supp}\,\ell_t \subseteq B_{r(t)}\}}\right] \leq e^{C\frac{t\kappa(t)}{R^2}} \mathbb{E}\left[e^{\int_0^t [V(X_s)-\Phi_{R,t}(X_s)]\mathrm{d}s} \mathbb{1}_{\{\mathrm{supp}\,\ell_t \subseteq B_{r(t)}\}}\right].$$

In Analogie zu den entsprechenden Schritten im Beweis von [BK01, Proposition 4.4] lässt sich dies (insbesondere mit Eigenschaft (3) von $\Phi_{R,t}$) weiter abschätzen zu

$$\mathbb{E}\left[e^{\int_0^t V(X_s)\mathrm{d}s} \mathbb{1}_{\{\mathrm{supp}\,\ell_t \subseteq B_{r(t)}\}}\right] \leq e^{C\frac{t\kappa(t)}{R^2}} |B_{r(t)}| \exp\left(t \max_{z \in B_{r(t)+2R}} \lambda_{z,2R}^t(V)\right).$$

Wegen $|B_{r(t)}| \leq (3r(t))^d$ folgt nun die Behauptung. □

Konvergenz gegen das diskrete Variationsproblem. Die folgende Proposition ist eine Anpassung von [HKM06, Proposition 3.3]. Dabei geht es um eine Abschätzung im Sinne von Varadhans Lemma, die auf einem alternativen Weg bewiesen wird, um technische Schwierigkeiten wie fehlende Beschränktheit zu umgehen. Es wird auf irgendeine endliche Teilmenge des $\mathbb{Z}^d$ eingeschränkt; für unsere Anwendungen reicht es, gleich eine Box B_R mit $R \in \mathbb{N}$ zu betrachten. Wir schreiben die Proposition auf Zeit $t\kappa(t)$ statt t um und können dann die normierten Lokalzeiten $\tilde{\ell}_{t\kappa(t)}/(t\kappa(t))$ gemäß (3.3) durch ℓ_t/t ersetzen. Weiterhin erinnern wir an die Ratenfunktion $S^{0,R}$ für den Prozess der normierten Lokalzeiten, die in (3.13) definiert wurde. Damit haben wir die folgende Formulierung der Proposition:

Proposition 3.3.4. *Für jedes $R \in \mathbb{N}$ und jede messbare Funktion $F \colon \mathcal{M}_1(B_R) \to \mathbb{R}$ gilt*

$$\mathbb{E}\left[e^{t\kappa(t)F(\frac{\ell_t}{t})} \mathbb{1}_{\{\mathrm{supp}(\ell_t) \subseteq B_R\}}\right] \leq \exp\left(t\kappa(t) \sup_{\substack{p \in \mathcal{M}_1(\mathbb{Z}^d) \\ \mathrm{supp}\,p \subseteq B_R}} \{F(p) - S^{0,R}(p)\}\right)(2dt\kappa(t))^{|B_R|}|B_R|.$$

3.3. HILFSSÄTZE AUS DER PAM- UND RWRS-LITERATUR

Große Abweichungen für $\|L_t\|_q$. Wir erinnern an den Zusammenhang (3.5) zwischen den normierten, reskalierten Lokalzeiten der einfachen Irrfahrt sowie der mit $\kappa(t)$ be- oder entschleunigten Irrfahrt: $L_t = \widetilde{L}_{t\kappa(t)}$. In [HKM06, Proposition 2.1] wurde ein Ergebnis für $\widetilde{L}_t$ bewiesen, das für die Abschätzung der Restterme nach einem für technische Zwecke benötigten Abschneiden bei $M > 0$ nützlich ist. Zusätzlich ist diese Proposition als PGA-Ergebnis für die q-Norm von $\widetilde{L}_t$, $q > 1$, von Bedeutung. Wenn wir t durch $t\kappa(t) \gg 1$ ersetzen, können wir das entsprechende Resultat für unsere Lokalzeiten L_t aufschreiben. Zunächst überprüfen wir, ob – für unser in (2.7) definiertes α_t – die in der Proposition verlangte Voraussetzung $\alpha_t = O((t\kappa(t))^{2/(2d+2)-\varepsilon})$ für ein $\varepsilon > 0$ erfüllt ist. Wählen wir $\varepsilon < \frac{1}{(d+1)(d+2)}$, so ist $2/(2d+2) - \varepsilon > 1/(d+2)$, und gemäß Lemma 2.1.5(d) ist $\alpha_t^x \ll t\kappa(t)$ für alle $x < d+2$. Also gilt die gewünschte Bedingung.

Somit erhalten wir unsere Version von [HKM06, Proposition 2.1]:

Proposition 3.3.5. *Sei α_t gemäß (2.7) definiert, weiter seien $q > 1$ mit $q(d-2) < d$ und $R > 0$ fest. Dann gilt*

$$\limsup_{\theta \downarrow 0} \limsup_{t \to \infty} \frac{\alpha_t^2}{t\kappa(t)} \log \mathbb{E}\Big[\exp\Big(\theta \frac{t\kappa(t)}{\alpha_t^2} \|L_t\|_q\Big) \mathbb{1}_{\{\mathrm{supp}\, L_t \subseteq Q_R\}}\Big] = 0. \tag{3.33}$$

3.3.2 Phase 4: Resultate aus [GKS07]

Unser Beweis von Theorem 2.1.7 wird viele Aussagen aus dem Artikel [GKS07] über große Abweichungen von Random Walk in Random Scenery verwenden. Diese Aussagen behandeln eine Irrfahrt in diskreter Zeit, sind aber auf den zeitstetigen Fall übertragbar.

Bezeichnungen. Wir übersetzen zunächst die in [GKS07] verwendeten Notationen in unsere Situation. Insbesondere haben wir es in unserem Setting mit einer um $\kappa(t) \asymp t^{2/d}$ beschleunigten Irrfahrt zu tun, deren Lokalzeiten wir wie immer mit ℓ_t bezeichnen. Zur Unterscheidung seien $\widetilde{\ell}_t$ die Lokalzeiten der herkömmlichen Irrfahrt. Aus (3.5) erhalten wir $\ell_t = \kappa(t)^{-1}\widetilde{\ell}_{t\kappa(t)}$, sodass wir alle Ergebnisse aus [GKS07] mit Zeitparameter $t\kappa(t)$ verwenden werden. Weiterhin definieren wir $\alpha_t = t^{1/d}$ und betrachten die reskalierten normierten Lokalzeiten L_t in (3.4). Die in [GKS07] mit α_t bezeichnete Skalierungsfunktion (für den Fall (L) von large deviations) nennen wir hier $\alpha_t^{[\mathrm{GKS07}]}$. Wir setzen $\eta_t := \alpha_{t\kappa(t)}^{[\mathrm{GKS07}]}/\alpha_t$. Wegen $\alpha_t^{[\mathrm{GKS07}]} = t^{1/(d+2)}$ und $\kappa^* = \lim_{t\to\infty} \kappa(t)/t^{2/d} \in (0,\infty)$ haben wir

$$\eta_t^d = \frac{(t\kappa(t))^{d/(d+2)}}{t} = (\kappa^*)^{d/(d+2)}(1 + o(1)). \tag{3.34}$$

Dann übertragen sich die in [GKS07] betrachteten reskalierten normierten Lokalzeiten der herkömmlichen Irrfahrt zum Zeitpunkt $t\kappa(t)$ via

$$\widetilde{L}_{t\kappa(t)}^{[\text{GKS07}]}(y) := \frac{(\alpha_{t\kappa(t)}^{[\text{GKS07}]})^d}{t\kappa(t)} \widetilde{\ell}_{t\kappa(t)}(\lfloor \alpha_{t\kappa(t)}^{[\text{GKS07}]} y \rfloor) = \eta_t^d \frac{\alpha_t^d}{t} \ell_t(\lfloor \alpha_t \eta_t y \rfloor) = \eta_t^d L_t(\eta_t y).$$

Das reskalierte Potential (im Artikel mit $\bar{Y}$ bezeichnet) schreibt sich als

$$\bar{Y}_{t\kappa(t)}(y) = \xi(\lfloor \alpha_{t\kappa(t)}^{[\text{GKS07}]} y \rfloor) = \bar{\xi}_t(\eta_t y), \quad y \in \mathbb{R}^d,$$

wobei $\bar{\xi}_t(x) = \xi(\lfloor \alpha_t x \rfloor)$.

In diese Bezeichnungen übersetzt, übertragen wir im Folgenden zwei Sätze aus [GKS07]. Allgemeine Voraussetzungen für die Anwendung sind erstens $\langle \xi(0) \rangle = 0$ und zweitens $\bar{p}(d-2) < d$, wobei $\bar{p} = \lim_{t\to\infty} \frac{\log H(t)}{\log t} < \infty$. Ersteres ist auch Voraussetzung für unser Theorem 2.1.7, ferner ist gemäß Proposition 2.1.2(d) die Funktion H regulär variierend mit Parameter $\gamma \vee 1$ und aufgrund von Lemma 3.2.5 sowie nach Voraussetzung gilt $\bar{p} = \gamma \vee 1 \leq 1 + 2/d$. Daher sind beide Bedingungen erfüllt.

Main Theorem. Es wird ein Prinzip großer Abweichungen für das Skalarprodukt

$$\left(\widetilde{L}_{t\kappa(t)}^{[\text{GKS07}]}, \bar{Y}_{t\kappa(t)} \right) = \eta_t^d \int_{\mathbb{R}^d} L_t(\eta_t y) \bar{\xi}_t(\eta_t y) \mathrm{d}y = \left(L_t, \bar{\xi}_t \right)$$

auf der Skala

$$\frac{t\kappa(t)}{(\alpha_{t\kappa(t)}^{[\text{GKS07}]})^2} = (\alpha_{t\kappa(t)}^{[\text{GKS07}]})^d = \eta_t^d t.$$

bewiesen. Aufgrund von (3.34) können wir die Skala durch $(\kappa^*)^{d/(d+2)} t$ ersetzen und somit [GKS07, Theorem 1.3] folgendermaßen wiedergeben:

Theorem 3.3.6. *Für jedes $u > 0$ mit $u \in (\operatorname{supp} \xi(0))^\circ$ gilt*

$$\lim_{t\to\infty} \frac{1}{t} \log \mathbb{P} \times \operatorname{Prob}\big((L_t, \bar{\xi}_t) > u\big) = -(\kappa^*)^{d/(d+2)} \chi_H^{[\text{GKS07}]}(u)$$

mit

$$\chi_H^{[\text{GKS07}]}(u) = \inf_{\substack{g \in \mathrm{H}^1(\mathbb{R}^d) \\ \|g\|_2 = 1}} \left\{ \int_{\mathbb{R}^d} |\nabla g(y)|^2 \mathrm{d}y + \sup_{\beta > 0} \left[\beta u - \int_{\mathbb{R}^d} H(\beta g^2(y)) \mathrm{d}y \right] \right\}. \quad (3.35)$$

Diese Aussage können wir im Beweis der unteren Schranke von Theorem 2.1.7 verwenden und müssen dann nur noch den genauen Zusammenhang zwischen $\chi_H^{[\text{GKS07}]}$ und unserer Variationsformel $\chi_H^{(\text{RWRS})}$ herstellen.

Abschneiden und Glätten des Potentials. Im Beweis der oberen Schranke von Theorem 2.1.7 wollen wir das in Proposition 3.1.2 beschriebene Prinzip großer Abweichungen für die Lokalzeiten verwenden. Für die Anwendung von Varadhans Lemma benötigen wir die Stetigkeit und Beschränktheit von $f \mapsto \int H \circ f$ in der entsprechenden Topologie. Diese erhalten wir, indem wir das Potential mit einer geeigneten Funktion glätten, was wir nur können, wenn wir es vorher beschneiden. Seien also

$$\bar{\xi}_t^{(\leq M)} = (\bar{\xi}_t \wedge M) \vee (-M) \quad \text{und} \quad \bar{\xi}_t^{(>M)} = (\bar{\xi}_t - M)_+, \tag{3.36}$$

sowie $j_\delta = \delta^{-d} j(\cdot/\delta)$ mit einer glatten, rotationsinvarianten L^1-normierten Funktion $j \geq 0$ mit Träger in Q_1. Für die Behandlung von $\bar{\xi}_t^{(>M)}$ (d.h. das Abschneiden hoher Potentialwerte) werden wir eigene Wege gehen müssen, dagegen können wir zur Glättung [GKS07, Lemma 3.5] verwenden:

Lemma 3.3.7. *Für alle $M > 0$ und alle $\varepsilon > 0$ gilt*

$$\lim_{\delta \downarrow 0} \limsup_{t \to \infty} \frac{1}{t} \log \mathbb{P} \times \mathrm{Prob}\big(\big|\big(L_t, \bar{\xi}_t^{(\leq M)} - \bar{\xi}_t^{(\leq M)} \star j_\delta\big)\big| > \varepsilon\big) = -\infty.$$

3.4 Vorbetrachtungen zu den Variationsproblemen

3.4.1 Eigenschaften von $\chi_\gamma^{(\mathrm{B})}(\rho)$ und $\chi_H^{(\mathrm{RWRS})}(\theta)$

Das Variationsproblem $\chi_\gamma^{(\mathrm{B})}(\rho)$. Wir betrachten das in (1.8) definierte Variationsproblem $\chi_\gamma^{(\mathrm{B})}(\rho)$, welches die Asymptotik in Phase 3 für $\gamma \neq 1$ bestimmt. Im Fall $\gamma < 1$ ist ersichtlich, dass $\chi_\gamma^{(\mathrm{B})}(\rho) \geq -\rho/(1-\gamma)$ gilt. Sei $\gamma > 1$. Wie immer in Phase 3 nehmen wir außerdem $\gamma < 1 + 2/d$ an. Aufgrund der stetigen Sobolevungleichung (3.27) bzw. (3.28) erkennt man, dass $\int_{\mathbb{R}^d} g^{2\gamma} < \infty$ für jedes $g \in H^1(\mathbb{R}^d)$ gilt. Folglich ist $\chi_\gamma^{(\mathrm{B})}(\rho) > -\infty$.

In [S09] wurde das Variationsproblem $\chi_\gamma^{(\mathrm{B})}(\rho) + \rho/(1-\gamma)$ für $\gamma < 1$ analysiert. Es ergaben sich Existenz und Eindeutigkeit des Minimierers sowie einige Regularitätseigenschaften, radiale Symmetrie und kompakter Träger. Für $\gamma > 1$ sind ähnliche Ergebnisse (außer der Endlichkeit des Trägers) zu erwarten, jedoch nur solange $\gamma < 1 + 2/d$ ist, wie wir im Folgenden sehen werden. Ferner folgt aus einer Reskalierung eine nützliche Darstellung der Variationsformel $\chi_\gamma^{(\mathrm{B})}(\rho)$, aus der sich insbesondere die Stetigkeit im Parameter ρ ergibt. Diese Tatsache benötigen wir in unseren Beweisen, wenn Hilfsparameter gegen Null geschickt werden. Wir fassen unsere Ergebnisse in dem folgenden Lemma zusammen. Es sei

$$\hat{\chi}_\gamma^{(\mathrm{B})}(\rho) := \chi_\gamma^{(\mathrm{B})}(\rho) + \frac{\rho}{1-\gamma} = \inf_{\substack{g \in H^1(\mathbb{R}^d) \\ \|g\|_2 = 1}} \Big\{ \int_{\mathbb{R}^d} |\nabla g|^2 + \frac{\rho}{1-\gamma} \int_{\mathbb{R}^d} g^{2\gamma} \Big\}, \quad \rho > 0.$$

KAPITEL 3. VORBEREITUNGEN UND HILFSSÄTZE

Lemma 3.4.1. (a) *Sei* $\nu = \frac{1-\gamma}{2+d(1-\gamma)}$. *Für alle* $\gamma \in (0, 1+2/d) \setminus \{1\}$ *haben wir die Darstellung*

$$\hat{\chi}_\gamma^{(B)}(\rho) = \frac{1}{d\nu}\left(\frac{d\rho}{2}\right)^{1-d\nu} \inf_{\substack{g \in H^1(\mathbb{R}^d) \\ \|g\|_2=1 \\ \int g^{2\gamma}=1}} \left(\int_{\mathbb{R}^d} |\nabla g|^2\right)^{d\nu}. \qquad (3.37)$$

Im Fall $\gamma = 0$ *ist*

$$\hat{\chi}_0^{(B)}(\rho) = \inf_{\substack{g \in H^1(\mathbb{R}^d) \\ \|g\|_2=1}} \left\{\int_{\mathbb{R}^d} |\nabla g|^2 + \rho|\mathrm{supp}\, g|\right\} = \frac{d+2}{d}(\rho\omega_d)^{\frac{2}{d+2}}\left(\frac{2\lambda_d}{2}\right)^{\frac{d}{d+2}}, \qquad (3.38)$$

wobei $\omega_d = |Q_1|$ *und* λ_d *der Haupteigenwert von* $-\Delta$ *in* Q_1 *ist.*

Falls $\gamma > 1+2/d$ *ist, so gilt* $\chi_\gamma^{(B)}(\rho) = \hat{\chi}_\gamma^{(B)}(\rho) = -\infty$.

(b) *Das in* (2.8) *definierte Variationsproblem* $\chi_\gamma^c(\rho)$ *ist für jedes* $\gamma \in [0, 1+2/d)$ *stetig in* ρ.

Beweis. (a) Sei $\gamma \neq 1$ positiv. Zu $g \in H^1(\mathbb{R}^d)$ mit $\|g\|_2 = 1$ und $b > 0$ definieren wir $g_b(x) := b^{d/2} g(bx)$. Dann ist $\|g_b\|_2 = 1$ sowie

$$\int_{\mathbb{R}^d} |\nabla g_b|^2 = b^2 \int_{\mathbb{R}^d} |\nabla g|^2 \quad \text{und} \quad \int_{\mathbb{R}^d} g_b^{2\gamma} = b^{d(\gamma-1)} \int_{\mathbb{R}^d} g^{2\gamma}.$$

Da die Zuordnung $g \mapsto g_b$ bijektiv ist, folgt

$$\hat{\chi}_\gamma^{(B)}(\rho) = \inf_{\substack{g \in H^1(\mathbb{R}^d) \\ \|g\|_2=1}} \inf_{b>0} F_g(b)$$

mit

$$F_g(b) = b^2 \int_{\mathbb{R}^d} |\nabla g|^2 + \frac{\rho}{1-\gamma} b^{d(\gamma-1)} \int_{\mathbb{R}^d} g^{2\gamma}.$$

Abkürzend schreiben wir $\|\nabla g\|_2^2 = \int_{\mathbb{R}^d} |\nabla g|^2$ und $\|g\|_{2\gamma}^{2\gamma} = \int_{\mathbb{R}^d} g^{2\gamma}$ (wissend, dass dies für $\gamma < 1/2$ keine Norm ist). Die Ableitung von F_g hat die eindeutige Nullstelle

$$b_0 = \left(\frac{2}{d\rho} \frac{\|\nabla g\|_2^2}{\|g\|_{2\gamma}^{2\gamma}}\right)^{\frac{d\nu-1}{2}}.$$

Für die zweite Ableitung ergibt sich

$$F_g''(b_0) = 2(2+d(1-\gamma))\|\nabla g\|_2^2.$$

Für $\gamma > 1+2/d$ ist also b_0 ein Maximum und

$$\hat{\chi}_\gamma^{(B)}(\rho) = \inf_{\substack{g \in H^1(\mathbb{R}^d) \\ \|g\|_2=1}} \liminf_{b \to \infty} F_g(b) = -\infty.$$

3.4. VORBETRACHTUNGEN ZU DEN VARIATIONSPROBLEMEN

Dagegen folgt für $\gamma < 1 + 2/d$

$$\hat{\chi}_\gamma^{(\mathrm{B})}(\rho) = \inf_{\substack{g \in \mathrm{H}^1(\mathbb{R}^d) \\ \|g\|_2 = 1}} F_g(b_0) = \inf_{\substack{g \in \mathrm{H}^1(\mathbb{R}^d) \\ \|g\|_2 = 1}} \frac{1}{d\nu}\left(\frac{d\rho}{2}\right)^{1-d\nu}\left(\frac{\|\nabla g\|_2^2}{\|g\|_{2\gamma}^{\frac{4\gamma}{d(\gamma-1)}}}\right)^{d\nu}.$$

Da der Term $\|\nabla g\|_2^2/\|g\|_{2\gamma}^{\frac{4\gamma}{d(\gamma-1)}}$ invariant unter der Transformation $g \mapsto g_b$ ist, können wir dies auch zu unserer Behauptung (3.37) umschreiben.

Die Darstellung (3.38) für $\gamma = 0$ wurde in [DV75, Lemma 3.9 und 3.13] gezeigt.

(b) Wir erinnern daran, dass $\chi_\gamma^c(\rho) = \chi_\gamma^{(\mathrm{B})}(\rho)$ für $\gamma \neq 1$ und $\chi_1^c(\rho) = \chi_1^{(\mathrm{FB})}(\rho)$ ist. Für $\gamma \in (0, 1+2/d) \setminus \{1\}$ folgt die Stetigkeit in ρ aus der Darstellung (3.37), für $\gamma = 0$ aus (3.38). Auch für $\gamma = 1$ haben wir eine explizite Formel: Gemäß [HKM06, Proposition 1.12] gilt $\chi^{(\mathrm{FB})}(\rho) = \rho d(1 - \frac{1}{2}\log\frac{\rho}{\pi})$, was offensichtlich stetig in ρ ist. □

Das Variationsproblem $\chi_H^{(\mathrm{RWRS})}(\theta)$. Wir untersuchen nun das Variationsproblem $\chi_H^{(\mathrm{RWRS})}(\theta)$, welches in (2.9) definiert wurde und in Phase 4 eine entscheidende Rolle spielt. Dabei ist H die Kumulantenerzeugende von $\xi(0)$. Aus Jensens Ungleichung folgt für $s < t$

$$\frac{H(s)}{s} = \frac{1}{s}\log\langle(\mathrm{e}^{t\xi(0)})^{s/t}\rangle \leq \frac{1}{s}\log\left(\langle\mathrm{e}^{t\xi(0)}\rangle\right)^{s/t} = \frac{H(t)}{t}.$$

Ferner erinnern wir an Proposition 2.1.2(d), gemäß derer H mit Parameter $\gamma \vee 1 \in [1, 1+2/d)$ regulär variiert. Insbesondere folgt aus Lemma 3.2.5 die Asymptotik

$$H(t) = t^{\gamma \vee 1 + o(1)}, \quad t \to \infty. \tag{3.39}$$

Mit diesen Eigenschaften und der stetigen Sobolevungleichung können wir die folgende Ungleichung zeigen. Wir beachten hierbei, dass wegen $\gamma < 1 + 2/d$ insbesondere $\gamma(d-2) < d$ erfüllt ist.

Lemma 3.4.2. *Es gelten die Voraussetzungen von Theorem 2.1.7. Weiter sei $\delta \in (0,1)$ mit $(\gamma + \delta)(d-2) < d$. Dann gibt es Konstanten $c = c_{d,\gamma,\delta}$ und $K = K_{d,\gamma,\delta}$ so, dass für jedes $g \in \mathrm{H}^1(\mathbb{R}^d)$ mit $\|g\|_2 \leq 1$*

$$\int_{\mathbb{R}^d} H(g(y)^2)\mathrm{d}y \leq c\|\nabla g\|_2^{d(\gamma \vee 1 + \delta - 1)} + K \quad \text{für } d \neq 2 \tag{3.40}$$

und

$$\int_{\mathbb{R}^d} H(g(y)^2)\mathrm{d}y \leq c(\|\nabla g\|_2^2 + 1)^{\gamma \vee 1 + 2\delta - 1} + K \quad \text{für } d = 2 \tag{3.41}$$

erfüllt ist.

Insbesondere folgt hieraus die Endlichkeit von $\int_{\mathbb{R}^d} H(g(y)^2)\mathrm{d}y$ und damit auch $\chi_H^{(\mathrm{RWRS})}(\theta) > -\infty$.

Beweis. Aufgrund der Asymptotik (3.39) finden wir $t_0 > 0$ so, dass $H(t) \leq t^{\gamma \vee 1 + \delta}$ für alle $t \geq t_0$. Verwenden wir außerdem (3.27) bzw. (3.28), so ergibt sich

$$\int_{g>t_0} H \circ g^2 \leq \int_{g>t_0} g^{2(\gamma \vee 1 + \delta)} \leq c \|\nabla g\|_2^{d(\gamma \vee 1 + \delta - 1)} \|g\|_2^{d - (\gamma \vee 1 + \delta)(d-2)}$$

für $d \neq 2$ bzw.

$$\int_{g>t_0} H \circ g^2 \leq \int_{g>t_0} g^{2(\gamma \vee 1 + \delta)} \leq c(\|g\|_2^2 + \|\nabla g\|_2^2)^{\gamma \vee 1 + 2\delta - 1}$$

für $d = 2$. Weiterhin haben wir aufgrund der Monotonie der Funktion $s \mapsto H(s)/s$

$$\int_{g \leq t_0} H \circ g^2 \leq \int_{g \leq t_0} H(t_0^2) \frac{g^2}{t_0^2} \leq \frac{H(t_0^2)}{t_0^2} \|g\|_2^2.$$

Beachten wir $\|g\|_2 \leq 1$ und setzen alles zusammen, so folgt die Behauptung. $\square$

Für einige Stellen unserer Beweise ist außerdem die folgende Überlegung hilfreich. Die Kumulantenerzeugende H ist konvex und erfüllt $H(0) = 0$. Unter den Voraussetzungen von Theorem 2.1.7 gilt ferner mit Jensen $H(t) = \log \langle e^{t\xi(0)} \rangle \geq t \langle \xi(0) \rangle = 0$ für alle $t \geq 0$. Aus diesen drei Eigenschaften folgt insbesondere auch, dass H auf $[0, \infty)$ monoton wächst.

3.4.2 Diskrete Entkompaktifizierungshilfe

In Proposition 3.1.1 (große Abweichungen für die diskreten Lokalzeiten) tauchen die Funktionen $S^{0,R}$ und $S^{\pi,R}$ auf, welche Kompaktversionen der in (3.29) definierten Dirichlet-Form $S(p)$ sind, einmal mit Nullrand- und einmal mit periodischen Randbedingungen auf der Box B_R mit $R \in \mathbb{N}$. Für den Beweis von Theorem 2.1.4 ist es wichtig, die genauen Unterschiede zwischen den einzelnen Darstellungen zu kennen, daher sollen diese hier untersucht werden.

Hier noch einmal alle drei Funktionen, wobei $Q_p(x,y) := \left(\sqrt{p(y)} - \sqrt{p(x)}\right)^2$:

$$S(p) = \frac{1}{2} \sum_{\substack{(x,y) \in \mathbb{Z}^d \times \mathbb{Z}^d \\ x \sim y}} Q_p(x,y) = \sum_{\substack{\{x,y\} \subseteq \mathbb{Z}^d \\ x \sim y}} Q_p(x,y) \quad \text{für } p \in \mathcal{M}_1(\mathbb{Z}^d),$$

$$S^{0,R}(p) = \sum_{\substack{\{x,y\} \subseteq B_{R+1} \\ x \sim y}} Q_p(x,y) = S(p) \quad \text{für } p \in \mathcal{M}_1(\mathbb{Z}^d),\ \operatorname{supp} p \subseteq B_R,$$

$$S^{\pi,R}(p) = \frac{1}{2} \sum_{\substack{(x,y) \in B_R \times B_R \\ x \sim^\pi y}} Q_p(x,y) = \sum_{\substack{\{x,y\} \subseteq B_R \\ y \sim^\pi x}} Q_p(x,y) \quad \text{für } p \in \mathcal{M}_1(B_R).$$

3.4. VORBETRACHTUNGEN ZU DEN VARIATIONSPROBLEMEN

Die Menge der Nachbarpaare $\{x,y\}$ unterteilen wir wie folgt:

$$\text{das „Innere"} \quad G_R^\circ = \big\{\{x,y\} \subseteq B_R \,:\, x \sim y\big\},$$
$$\text{der „Nullrand"} \quad G_R^\partial = \big\{\{x,y\} \subseteq B_{R+1} \,:\, x \in B_R,\, y \notin B_R,\, x \sim y\big\},$$
$$\text{der „periodische Rand"} \quad G_R^\pi = \big\{\{x,y\} \subseteq B_R \,:\, x \sim^\pi y,\, x \not\sim y\big\}.$$

Zum Beispiel in $d=1$ ist $B_R = \{-R, -R+1, \ldots, R\}$ und wir haben die Aufteilung $G_R^\circ = \big\{\{-R, -R+1\}, \ldots, \{R-1, R\}\big\}$, $G_R^\partial = \big\{\{-R-1, -R\}, \{R, R+1\}\big\}$ und $G_R^\pi = \big\{\{R, -R\}\big\}$.

Diese drei Mengen sind disjunkt und es gilt

$$S^{0,R}(p) = \sum_{\{x,y\} \in G_R^\circ \cup G_R^\partial} Q_p(x,y) = S(p) \quad \text{falls supp}\, p \subseteq B_R, \tag{3.42}$$

$$S^{\pi,R}(p) = \sum_{\{x,y\} \in G_R^\circ \cup G_R^\pi} Q_p(x,y) \quad \text{für } p \in \mathcal{M}_1(B_R). \tag{3.43}$$

Als Nächstes wollen wir den „Nullrand" weiter disjunkt zerlegen in einen „unteren" und einen „oberen" Teil:

$G_R^{\partial_1} = \big\{\{x,y\} \subseteq B_{R+1} \,:\, x \in B_R,\, y \notin B_R,\, \exists i \in \{1, \ldots, d\} : y = x - e_i\big\},$
$G_R^{\partial_2} = G_R^\partial \setminus G_R^{\partial_1},$

wobei e_i der i-te Einheitsvektor ist. In $d=1$ also $G_R^{\partial_1} = \big\{\{-R-1, -R\}\big\}$ und $G_R^{\partial_2} = \big\{\{R, R+1\}\big\}$. Damit können wir für $p \in \mathcal{M}_1(\mathbb{Z}^d)$ schreiben:

$$S(p) = \sum_{\{x,y\} \in G_R^\circ \cup G_R^{\partial_1}} \sum_{k \in (2R+1)\mathbb{Z}^d} Q_p(x+k, y+k). \tag{3.44}$$

Folgende Zusammenhänge gelten:

Lemma 3.4.3. (a) *Für $p \in \mathcal{M}_1(\mathbb{Z}^d)$ sei*

$$p_R(z) = \sum_{k \in (2R+1)\mathbb{Z}^d} p(z+k), \quad z \in B_R.$$

Dann ist $p_R \in \mathcal{M}_1(B_R)$ und es gilt $S^{\pi,R}(p_R) \leq S(p)$.

(b) *Jedes Maß $p \in \mathcal{M}_1(B_R)$ kann als $p \in \mathcal{M}_1(\mathbb{Z}^d)$ mit supp $p \subseteq B_R$ aufgefasst werden und es gilt*

$$S^{0,R}(p) - S^{\pi,R}(p) \leq \sum_{\{x,y\} \in G_R^\pi} \big(p(x) + p(y)\big).$$

Beweis. (a) Wir verallgemeinern einen Beweisschritt von [GM98, Lemma 1.10] auf den d-dimensionalen Fall. Nach Definition gilt $\sum_{z \in B_R} p_R(z) = \sum_{z \in \mathbb{Z}^d} p(z) = 1$, daher ist $p_R \in \mathcal{M}_1(B_R)$. In Hinblick auf die Darstellungen (3.43) und (3.44) genügt es zu zeigen, dass

$$\sum_{\{x,y\} \in G_R^\circ} Q_{p_R}(x,y) \leq \sum_{\{x,y\} \in G_R^\circ} \sum_{k \in (2R+1)\mathbb{Z}^d} Q_p(x+k, y+k) \quad (3.45)$$

und
$$\sum_{\{x,y\} \in G_R^\pi} Q_{p_R}(x,y) \leq \sum_{\{x,y\} \in G_R^{\partial_1}} \sum_{k \in (2R+1)\mathbb{Z}^d} Q_p(x+k, y+k). \quad (3.46)$$

Zunächst folgern wir aus Cauchy–Schwarz, dass für alle $x, y \in B_R$

$$\sum_{k \in (2R+1)\mathbb{Z}^d} \sqrt{p(x+k)p(y+k)} \leq \left(\sum_{k \in (2R+1)\mathbb{Z}^d} p(x+k) \sum_{k \in (2R+1)\mathbb{Z}^d} p(y+k) \right)^{1/2}$$

und damit

$$\begin{aligned}
Q_{p_R}(x,y) &= \left(\sqrt{p_R(y)} - \sqrt{p_R(x)} \right)^2 \\
&= \sum_{k \in (2R+1)\mathbb{Z}^d} p(x+k) + \sum_{k \in (2R+1)\mathbb{Z}^d} p(y+k) \\
&\quad - 2 \sqrt{\sum_{k \in (2R+1)\mathbb{Z}^d} p(x+k) \sum_{k \in (2R+1)\mathbb{Z}^d} p(y+k)} \quad (3.47) \\
&\leq \sum_{k \in (2R+1)\mathbb{Z}^d} \left(p(x+k) + p(y+k) - 2\sqrt{p(x+k)p(y+k)} \right) \\
&= \sum_{k \in (2R+1)\mathbb{Z}^d} Q_p(x+k, y+k). \quad (3.48)
\end{aligned}$$

Insbesondere gilt das für alle $\{x,y\} \in G_R^\circ$, was (3.45) zeigt. Um (3.46) zu beweisen, beachten wir

$$G_R^\pi = \big\{ \{x,y\} \subseteq B_R : \exists i \in \{1, \ldots, d\} : x_i = -R, y = x + 2Re_i \big\}, \quad (3.49)$$

wobei x_i die i-te Koordinate des Vektors $x \in \mathbb{Z}^d$ bezeichnet. Es folgt

$$\sum_{\{x,y\} \in G_R^\pi} Q_{p_R}(x,y) = \sum_{i=1}^d \sum_{\substack{x \in B_R \\ x_i = -R}} Q_{p_R}(x, x + 2Re_i).$$

Die Terme $Q_{p_R}(x, x+2Re_i)$ schätzen wir analog zu (3.48) ab, wobei wir im Anschluss

3.4. VORBETRACHTUNGEN ZU DEN VARIATIONSPROBLEMEN

an (3.47) zusätzlich die Indexverschiebung

$$\sum_{k\in(2R+1)\mathbb{Z}^d} p(x+2Re_i+k) = \sum_{k\in(2R+1)\mathbb{Z}^d} p(x-e_i+k)$$

durchführen. Damit erhalten wir

$$\sum_{\{x,y\}\in G_R^\tau} Q_{p_R}(x,y) \leq \sum_{i=1}^d \sum_{\substack{x\in B_R \\ x_i=-R}} \sum_{k\in(2R+1)\mathbb{Z}^d} Q_p(x+k, x-e_i+k)$$

$$= \sum_{\{x,y\}\in G_R^{\partial_1}} \sum_{k\in(2R+1)\mathbb{Z}^d} Q_p(x+k, y+k),$$

womit auch (3.46) gezeigt ist.

(b) Aufgrund von $\operatorname{supp} p \subseteq B_R$ gilt $Q_p(x, x-e_i) = p(x)$ für $\{x, x-e_i\} \in G_R^{\partial_1}$ und $Q_p(x, x+e_i) = p(x)$ für $\{x, x+e_i\} \in G_R^{\partial_2}$. Mit (3.42) und (3.43) haben wir also

$$S^{0,R}(p) - S^{\pi,R}(p) = \sum_{\{x,y\}\in G_R^\partial} Q_p(x,y) - \sum_{\{x,y\}\in G_R^\tau} Q_p(x,y)$$

$$= \sum_{i=1}^d \sum_{\{x,x-e_i\}\in G_R^{\partial_1}} p(x) + \sum_{i=1}^d \sum_{\{x,x+e_i\}\in G_R^{\partial_2}} p(x) - \sum_{\{x,y\}\in G_R^\tau} \left(p(x)+p(y) - 2\sqrt{p(x)p(y)}\right).$$

Wir erinnern an die Darstellung (3.49) und erhalten

$$S^{0,R}(p) - S^{\pi,R}(p) = \sum_{i=1}^d \left(\sum_{\substack{x\in B_R \\ x_i=-R}} p(x) + \sum_{\substack{x\in B_R \\ x_i=R}} p(x) - \sum_{\substack{x\in B_R \\ x_i=-R}} \left(p(x) + p(x+2Re_i) - 2\sqrt{p(x)p(x+2Re_i)}\right) \right).$$

Da $\sum_{x\in B_R, x_i=-R} p(x+2Re_i) = \sum_{x\in B_R, x_i=R} p(x)$, vereinfacht sich das Ganze zu

$$S^{0,R}(p) - S^{\pi,R}(p) = 2\sum_{i=1}^d \sum_{\substack{x\in B_R \\ x_i=-R}} \sqrt{p(x)p(x+2Re_i)}$$

$$= 2\sum_{\{x,y\}\in G_R^\tau} \sqrt{p(x)p(y)} \leq \sum_{\{x,y\}\in G_R^\tau} \left(p(x)+p(y)\right),$$

was zu zeigen war. □

Nun beweisen wir noch eine nützliche Hilfsaussage über die Masse eines Wahrscheinlichkeitsmaße auf einem (beliebig großen) Rand der Box B_R, den wir wie folgt definieren:

$$G_R^{\pi,\zeta_R} = \{\{x,y\} \in G_R^\circ \cup G_R^\pi : \exists i \in \{1,\ldots,d\} : |x_i| \geq R - \zeta_R, |y_i| \geq R - \zeta_R\},$$

hierbei ist $\zeta_R \in \{0, 1, \ldots, R\}$ die Breite des Randes. Speziell gilt $G_R^{\pi,0} = G_R^\pi$ und $G_R^{\pi,R} = G_R^\circ \cup G_R^\pi$.

Lemma 3.4.4. *Zu jedem Wahrscheinlichkeitsmaß $p \in \mathcal{M}_1(B_R)$ gibt es einen Shift $p_a = p(\cdot + a)$, wobei $a \in B_R$ und die Addition modulo B_R ausgeführt wird, sodass*

$$\sum_{\{x,y\} \in G_R^{\pi,\zeta_R}} \big(p_a(x) + p_a(y)\big) \leq \frac{2d(2\zeta_R+1)}{2R+1}.$$

Da alle in dieser Arbeit betrachteten Variationsformeln shiftinvariant sind, kann dieses Lemma o.B.d.A. auf den „herkömmlichen" Shift $a = 0$ bezogen werden und ist damit gut geeignet, um zu zeigen, dass für $R \to \infty$ die Masse eines Minimierers auf einem hinreichend kleinen Rand (d.h. $\zeta_R = o(R)$) verschwindet.

Beweis. Elementares Nachzählen ergibt $|G_R^{\pi,\zeta_R}| = d(2\zeta+1)(2R+1)^{d-1} =: L_R$. Damit ist leicht ersichtlich, dass es eine Darstellung

$$\sum_{\{x,y\} \in G_R^{\pi,\zeta_R}} \big(p_a(x) + p_a(y)\big) = \sum_{l=1}^{2L_R} p(f_l(a))$$

mit bijektiven $f_1, \ldots, f_{2L_R} : B_R \to B_R$ gibt. Demzufolge gilt $\sum_{a \in B_R} p(f_l(a)) = 1$ für jedes l und wir schließen

$$2L_R = \sum_{l=1}^{2L_R} \sum_{a \in B_R} p(f_l(a)) = \sum_{a \in B_R} \sum_{\{x,y\} \in G_R^{\pi,\zeta_R}} \big(p_a(x) + p_a(y)\big)$$

$$\geq |B_R| \min_{a \in B_R} \sum_{\{x,y\} \in G_R^{\pi,\zeta_R}} \big(p_a(x) + p_a(y)\big).$$

Also muss es ein $a \in B_R$ mit

$$\sum_{\{x,y\} \in G_R^{\pi,\zeta_R}} \big(p_a(x) + p_a(y)\big) \leq \frac{2L_R}{|B_R|} = \frac{2d(2\zeta_R+1)}{2R+1}$$

geben. □

3.4. VORBETRACHTUNGEN ZU DEN VARIATIONSPROBLEMEN

3.4.3 Stetige Entkompaktifizierungsstandardargumente

Von Nullrandbedingungen auf den $\mathbb{R}^d$. Im Beweis der unteren Schranke von Theorem 2.1.6 werden wir am Ende vor der Aufgabe stehen, den Parameter R gegen Unendlich zu schicken und damit die Boxversion der auftauchenden Variationsformel gegen die auf dem gesamten $\mathbb{R}^d$ konvergieren zu lassen. Die hierfür verwendeten Argumente sind Standard. Der Vollständigkeit wegen führen wir sie hier aus und stellen auf diese Weise die wichtigsten Schritte für eine etwas komplexere Entkompaktifizierung im Beweis von Proposition 2.1.10 bereit. Dabei betrachten wir relativ allgemeine Funktionen F und interessieren uns für den Zusammenhang zwischen

$$\chi := \inf_{\substack{g \in H^1(\mathbb{R}^d) \\ \|g\|_2 = 1}} F(g) \quad \text{und} \quad \chi^0(R) := \inf_{\substack{g \in H^1(\mathbb{R}^d) \\ \operatorname{supp} g \subseteq Q_R \\ \|g\|_2 = 1}} F(g). \tag{3.50}$$

Das folgende Lemma vollzieht die stetige Entkompaktifizierung.

Lemma 3.4.5. *Seien $G_1, G_2 \colon [0, \infty) \to \mathbb{R}$ messbare Funktionen. Weiterhin gelte:*

- G_1 *ist monoton wachsend und konkav mit $G_1(0) = 0$,*
- G_2 *ist monoton fallend.*

Wir definieren $G = G_1 + G_2$ sowie

$$F(g) = \int_{\mathbb{R}^d} |\nabla g(x)|^2 \mathrm{d}x + \int_{\mathbb{R}^d} G(g^2(x)) \mathrm{d}x, \quad g \in H^1(\mathbb{R}^d).$$

Dann gilt für die in (3.50) definierten Variationsformeln

$$\limsup_{R \to \infty} \chi^0(R) \leq \chi.$$

Wir bemerken, dass die umgekehrte Beziehung $\chi^0(R) \geq \chi$ für alle R aus der Definition folgt.

Beweis. Wir verwenden die Technik aus [DV75, Lemma 3.5] und betrachten die (eindimensionale) reelle Funktion

$$\Phi_R(x) = \begin{cases} 1 & \text{für } |x| \leq R - \sqrt{R}, \\ \frac{x}{\sqrt{R}} + \sqrt{R} & \text{für } -R < x < -R + \sqrt{R}, \\ -\frac{x}{\sqrt{R}} + \sqrt{R} & \text{für } R - \sqrt{R} < x < R, \\ 0 & \text{für } |x| \geq R. \end{cases}$$

Die Funktion Φ_R ist stetig auf $\mathbb{R}$ mit $|\Phi_R| \leq 1$ und $|\Phi_R'| \leq 1/\sqrt{R}$. Dann ist

$$\Psi_R(x) = \prod_{i=1}^{d} \Phi_R(x_i), \quad x = (x_1, \ldots, x_d) \in \mathbb{R}^d, \tag{3.51}$$

gut geeignet, um $H^1(\mathbb{R}^d)$-Funktionen mit Träger in Q_R zu konstruieren.

Sei $g \in \mathrm{H}^1(\mathbb{R}^d)$ mit $\|g\|_2 = 1$. Für $R > 0$ setzen wir

$$g^{(R)}(x) = \frac{1}{N_R} g(x) \Psi_R(x), \quad x \in Q_R, \quad \text{mit } N_R = \Big(\int_{Q_R} g(x)^2 \Psi_R(x)^2 \mathrm{d}x \Big)^{1/2},$$

und $g^{(R)}(x) = 0$ für $x \in \mathbb{R}^d \setminus Q_R$. Dann ist $g^{(R)} \in \mathrm{H}^1(\mathbb{R}^d)$ mit $\|g^{(R)}\|_2 = 1$ und $\mathrm{supp}\, g^{(R)} \subseteq Q_R$. Wegen $|\psi_R| \leq 1$ und $\|g\|_2 = 1$ gilt $0 \leq N_R \leq 1$.

Betrachten wir als Erstes den Gradienten von $g^{(R)}$. Es ist

$$N_R \frac{\partial}{\partial x_i} g^{(R)}(x) = \prod_{j \neq i} \Phi_R(x_j) \Big(\frac{\partial}{\partial x_i} g(x) \Phi_R(x_i) + g(x) \Phi'_R(x_i) \Big),$$

also, unter Beachtung von $\mathrm{supp}\, g^{(R)} \subseteq Q_R$ und $|\Phi_R| \leq 1$ bzw. $|\Phi'_R| \leq 1/\sqrt{R}$ sowie unter Verwendung der Cauchy–Schwarz-Ungleichung,

$$N_R^2 \int_{\mathbb{R}^d} \Big(\frac{\partial}{\partial x_i} g^{(R)}(x) \Big)^2 \mathrm{d}x \leq \int_{Q_R} \Big(\frac{\partial}{\partial x_i} g(x) \Big)^2 \mathrm{d}x + \frac{1}{R} \int_{Q_R} g(x)^2 \mathrm{d}x$$
$$+ \frac{2}{\sqrt{R}} \sqrt{\int_{Q_R} \Big(\frac{\partial}{\partial x_i} g(x) \Big)^2 \mathrm{d}x} \sqrt{\int_{Q_R} g(x)^2 \mathrm{d}x}. \quad (3.52)$$

Wenn wir über $i = 1, \ldots, d$ summieren, erhalten wir

$$\int_{\mathbb{R}^d} |\nabla g^{(R)}(x)|^2 \leq \frac{1}{N_R^2} \Big(\int_{Q_R} |\nabla g(x)|^2 \mathrm{d}x + O\Big(\frac{1}{\sqrt{R}}\Big) \Big), \quad R \to \infty. \quad (3.53)$$

Zur Abschätzung der Funktion G_1 beachten wir zunächst, dass $G_1(0) = 0$ zusammen mit der Konkavität $G_1(\lambda x) \leq \lambda G_1(x)$ für $\lambda \geq 1$ impliziert. Dies verwenden wir für $\lambda = 1/N_R^2$. Anschließend nutzen wir aus, dass $\Psi_R \leq 1$ und G_1 monoton wachsend ist:

$$\int_{\mathbb{R}^d} G_1 \circ (g^{(R)})^2 \leq \frac{1}{N_R^2} \int_{Q_R} G_1(g^2 \Psi_R^2) \leq \frac{1}{N_R^2} \int_{Q_R} G_1 \circ g^2. \quad (3.54)$$

Als Nächstes definieren wir $M := G_2(0)$ sowie $G_2^0 := G_2 - M$. Dann ist nach Voraussetzung G_2^0 monoton fallend mit $G_2^0(0) = 0$ und folglich $G_2^0 \leq 0$ auf $[0, \infty)$. Wir verwenden erst $1/N_R^2 \geq 1$ und die Monotonie von G_2^0, anschließend beachten wir $G_2^0 \leq 0$ und $\Psi_R = 1$ auf $Q_{R-\sqrt{R}}$:

$$\int_{\mathbb{R}^d} G_2^0 \circ (g^{(R)})^2 \leq \int_{Q_R} G_2^0(g^2 \Psi_R^2) \leq \int_{Q_{R-\sqrt{R}}} G_2^0 \circ g^2. \quad (3.55)$$

Wir zeigen nun, dass die Normierungskonstante N_R nahe bei Eins liegt. Es ist $\lim_{R \to \infty} g(x)^2 \Psi_R(x)^2 = g(x)^2$ für alle x, ferner haben wir $g^2 \Psi_R^2 \leq g^2 \in \mathrm{L}^1(\mathbb{R}^d)$. Aus dem Satz der dominierten Konvergenz folgt

$$\lim_{R \to \infty} N_R^2 = \int_{\mathbb{R}^d} g(x)^2 \mathrm{d}x = 1. \quad (3.56)$$

3.4. VORBETRACHTUNGEN ZU DEN VARIATIONSPROBLEMEN

Da $g^{(R)}$ ein Kandidat für die Minimierung in $\chi^0(R)$ ist sowie wegen $\int_{\mathbb{R}^d}(g^{(R)})^2 = 1$, (3.53), (3.54) und (3.55) haben wir

$$\chi^0(R) \leq \int_{\mathbb{R}^d} |\nabla g^{(R)}(x)|^2 \mathrm{d}x + \int_{\mathbb{R}^d} G_1(g^{(R)}(x)^2) \mathrm{d}x + \int_{\mathbb{R}^d} G_2(g^{(R)}(x)^2) \mathrm{d}x$$

$$\leq \frac{1}{N_R^2}\Big(\int_{Q_R} |\nabla g(x)|^2 \mathrm{d}x + O\Big(\frac{1}{\sqrt{R}}\Big)\Big)$$

$$+ \frac{1}{N_R^2}\int_{Q_R} G_1(g(x)^2)\mathrm{d}x + \int_{Q_{R-\sqrt{R}}} G_2^0(g(x)^2)\mathrm{d}x + M.$$

Im Grenzübergang $R \to \infty$ folgt wegen (3.56) und $\int_{\mathbb{R}^d} g^2 = 1$

$$\limsup_{R\to\infty} \chi^0(R) \leq \int_{\mathbb{R}^d} |\nabla g(x)|^2 \mathrm{d}x + \int_{\mathbb{R}^d} G_1(g^2(x))\mathrm{d}x + \int_{\mathbb{R}^d} G_2^0(g^2(x))\mathrm{d}x + M = F(g).$$

Da diese Beziehung für jedes zur Minimierung in χ zulässige g gezeigt werden kann, folgt die Behauptung. $\square$

Von periodischen zu Nullrandbedingungen. Mit derselben Abschneidetechnik wie im Beweis von Lemma 3.4.5 kann man auch potentielle Minimierer für Variationsprobleme auf einer Box mit periodischen Randbedingungen an Nullrandbedingungen anpassen. Wir werden diese Tatsache im Beweis von Proposition 2.1.10 ausnutzen, da wir hier im Laufe des Beweises periodisieren müssen. Dabei ist das folgende Lemma, welches die stetige Version von Lemma 3.4.4 bzw. eine leichte Verallgemeinerung hiervon ist, sehr hilfreich.

Lemma 3.4.6. *Seien $R \in (0, \infty)$ und $0 < \zeta_R < R$. Weiter sei f eine nichtnegative Funktion auf Q_R. Dann gibt es einen Shift $f_a = f(\cdot + a)$, wobei $a \in Q_R$ und die Addition modulo Q_R ausgeführt wird, sodass*

$$\int_{Q_R \setminus Q_{R-\zeta_R}} f_a(x)\mathrm{d}x \leq \frac{d\zeta_R}{R} \int_{Q_R} f(x)\mathrm{d}x.$$

Der Beweis kann analog dem von [DV75, Lemma 3.4] geführt werden.

3.4.4 Die Finite-Elemente-Methode

Im Beweis der oberen Schranke von Theorem 2.1.6 werden wir auf das diskrete Variationsproblem

$$\hat{\chi}_\gamma^{(\mathrm{DB}),0}(\rho, R) = \inf_{\substack{p \in \mathcal{M}_1(\mathbb{Z}^d) \\ \operatorname{supp} p \subseteq B_R}} \Big\{ S(p) + \frac{\rho}{1-\gamma} \sum_{z \in \mathbb{Z}^d} p(z)^\gamma \Big\} \tag{3.57}$$

stoßen, welches bei geeigneter Wahl der Parameter gegen das entsprechende stetige Problem

$$\hat{\chi}_\gamma^{(B),0}(\rho, R) = \inf_{\substack{g \in H^1(\mathbb{R}^d) \\ \|g\|_2 = 1 \\ \operatorname{supp} g \subseteq Q_R}} \left\{ \int_{\mathbb{R}^d} |\nabla g|^2 + \frac{\rho}{1-\gamma} \int_{\mathbb{R}^d} g^{2\gamma} \right\}$$

konvergieren soll. Im Fall $\gamma = 0$ interpretieren wir $\sum p^\gamma = |\operatorname{supp} p|$ und $\int g^{2\gamma} = |\operatorname{supp} g|$. Beim Beweis dieser Konvergenz geht es darum, potentielle Minimierer für das diskrete Problem so zu reskalieren, dass sich ein approximativer Minimierer für das stetige Problem ergibt. Insbesondere muss dieser ein Element von $H^1(\mathbb{R}^d)$ sein, was zu einer d-dimensionalen linearen Interpolation führt. Dieses Vorgehen beruht auf einer Triangulierungsmethode, die zum Beispiel in [B07] für $d = 2$ beschrieben wird, und ist eine Anpassung des Beweises von [HKM06, Formel (5.3)]. Wir werden diesen technischen Schritt im Folgenden genauer ausführen.

Proposition 3.4.7. *Seien $\rho > 0$ und $\gamma \in [0, 1 + 2/d) \setminus \{1\}$. Weiter sei $\nu = \frac{1-\gamma}{2+d(1-\gamma)}$ und $a_n \to \infty$ eine Folge reeller Zahlen. Dann gilt*

$$\liminf_{n \to \infty} a_n^2 \hat{\chi}_\gamma^{(DB),0}\left(\frac{\rho}{a_n^{2+d(1-\gamma)}}, \lfloor R a_n \rfloor\right) \geq \hat{\chi}_\gamma^{(B),0}(\rho, R)$$

für jedes $R > 0$.

Man beachte, dass wegen $\gamma < 1 + 2/d$ die Folge $a_n^{2+d(1-\gamma)}$ divergiert.

Beweisstruktur.

1. Sei $(p_n)_n$ aus $\mathcal{M}_1(\mathbb{Z}^d)$ mit $\operatorname{supp} p_n \subseteq B_{\lfloor R a_n \rfloor}$ eine Folge approximativer Minimierer für das Variationsproblem auf der linken Seite der Behauptung. Dann zeigen wir, dass wir o.B.d.A.

$$\sup_{n \in \mathbb{N}} a_n^2 S(p_n) < \infty \tag{3.58}$$

annehmen können.

2. Sei h_n die zu p_n gehörende reskalierte Treppenfunktion $h_n(x) = \sqrt{a_n^d p_n(\lfloor a_n x \rfloor)}$ für $x \in \mathbb{R}^d$. Wir konstruieren geeignete Interpolationsfunktionen $g_n \in H^1(\mathbb{R}^d)$, sodass $g_n(z/a_n) = h_n(z/a_n) = \sqrt{a_n^d p_n(z)}$ für $z \in \mathbb{Z}^d$. Dann stellen wir die Zusammenhänge zwischen den Termen in der diskreten Variationsformel für p_n und den entsprechenden stetigen Termen für g_n her. Insbesondere zeigen wir, dass

$$\sup_{n \in \mathbb{N}} \int_{\mathbb{R}^d} |\nabla g_n|^2 < \infty, \tag{3.59}$$

und

$$\sup_{n \in \mathbb{N}} \int_{\mathbb{R}^d} g_n^2 < \infty \tag{3.60}$$

gilt.

3.4. VORBETRACHTUNGEN ZU DEN VARIATIONSPROBLEMEN

3. Dank (3.59) und (3.60) können wir die Konvergenzsätze aus [LL01] verwenden, um einen Kandidaten $g^{(R)}$ für $\hat{\chi}_\gamma^{(B),0}(\rho, R)$ zu erhalten. Dann ist noch zu zeigen, dass dieser

sowie
$$\liminf_{n \to \infty} a_n^2 S(p_n) \geq \int_{\mathbb{R}^d} |\nabla g^{(R)}|^2$$

$$\liminf_{n \to \infty} \frac{1}{1-\gamma} a_n^{d(\gamma-1)} \sum_{z \in \mathbb{Z}^d} p_n(z)^\gamma \geq \frac{1}{1-\gamma} \int_{\mathbb{R}^d} (g^{(R)})^{2\gamma}.$$

erfüllt. Damit ist die Proposition bewiesen.

Schritt 1: Folgerung aus diskreter Sobolev-Ungleichung. Wir betrachten ein festes $R > 0$. O.B.d.A. nehmen wir $Ra_n \in \mathbb{N}$ an und lassen im Folgenden die Gaußklammern weg. Aufgrund der Definition von $\liminf_n$ und anschließend von $\inf_p$ finden wir eine Folge $(p_n)_{n \in \mathbb{N}}$ aus $\mathcal{M}_1(\mathbb{Z}^d)$ mit $\operatorname{supp} p_n \subseteq B_{Ra_n}$ so, dass

$$\liminf_{n \to \infty} a_n^2 \hat{\chi}_\gamma^{(\mathrm{DB}),0}\Big(\frac{\rho}{a_n^{2+d(1-\gamma)}}, \lfloor Ra_n \rfloor\Big) = \lim_{n \to \infty} a_n^2 \bigg\{ S(p_n) + \frac{\rho}{a_n^{2+d(1-\gamma)}(1-\gamma)} \sum_{z \in \mathbb{Z}^d} p_n(z)^\gamma \bigg\}.$$

O.B.d.A. können wir annehmen, dass dieser Grenzwert endlich ist, denn andernfalls ist die Behauptung der Proposition trivialerweise erfüllt. Für $\gamma < 1$ folgt hieraus bereits (3.58), denn die beiden Summanden $S(p_n)$ sowie $a_n^{-2-d(1-\gamma)} \rho/(1-\gamma) \sum p_n^\gamma$ sind nichtnegativ.

Sei $\gamma > 1$. Wegen $\gamma < 1 + 2/d$ haben wir insbesondere $\gamma(d-2) < d$. Eine Anwendung der diskreten Sobolevungleichung (3.30) ergibt

$$a_n^{d(\gamma-1)} \sum_{z \in \mathbb{Z}^d} p_n(z)^\gamma \leq c \big(a_n^2 S(p_n)\big)^{d(\gamma-1)/2}.$$

Wieder wegen $\gamma < 1 + 2/d$ ist $d(\gamma-1)/2 < 1$. Würde nun $\lim_{n \to \infty} a_n^2 S(p_n) = \infty$ gelten, so wäre

$$\lim_{n \to \infty} a_n^2 \bigg\{ S(p_n) + \frac{\rho}{a_n^{2+d(1-\gamma)}(1-\gamma)} \sum_{z \in \mathbb{Z}^d} p_n(z)^\gamma \bigg\}$$
$$\geq \limsup_{n \to \infty} \Big\{ a_n^2 S(p_n) - \frac{c\rho}{\gamma-1} \big(a_n^2 S(p_n)\big)^{d(\gamma-1)/2} \Big\} = \infty,$$

im Widerspruch zu unserer Annahme. Also haben wir (3.58) auch für $\gamma > 1$.

Schritt 2: Lineare Interpolation. In d-dimensionaler Verallgemeinerung einer in [B07, Kapitel 2.5] zweidimensional beschriebenen Triangulierung unterteilen wir den Raum in finite Elemente, auf denen wir die Treppenfunktion $h_n = \sqrt{a_n^d p_n(\lfloor a_n \cdot \rfloor)}$ durch H^1-Funktionen approximieren.

Definition. Im Folgenden sei $n \in \mathbb{N}$ fest. Wir verwenden die folgenden Bezeichnungen. Für $z \in \mathbb{Z}^d$ seien

$$\mu_z := \sqrt{a_n^d p_n(z)},$$
$$\nabla_i \mu_z := \mu_{z+e_i} - \mu_z \quad (e_i = i\text{-ter Einheitsvektor}),$$
$$Q_{p_n}(z+e_i, z) := \left(\sqrt{p_n(z+e_i)} - \sqrt{p_n(z)}\right)^2 = a_n^{-d}(\nabla_i \mu_z)^2.$$

Weiter sei Π_d die Menge aller Permutationen der Menge $\{1, \ldots, d\}$. Für $z \in \mathbb{Z}^d$ und $\sigma \in \Pi_d$ bezeichne $C_\sigma(z)$ das d-dimensionale Tetraeder mit den Eckpunkten

$$a_n^{-1}z, \quad a_n^{-1}(z + e_{\sigma(1)}), \quad a_n^{-1}(z + e_{\sigma(1)} + e_{\sigma(2)}), \quad \ldots, \quad a_n^{-1}(z + e_{\sigma(1)} + \cdots + e_{\sigma(d)}).$$

Man beachte $z + e_{\sigma(1)} + \cdots + e_{\sigma(d)} = z + e_1 + \cdots + e_d$. Dann haben wir eine Zerlegung

$$\frac{z + [0,1]^d}{a_n} = \bigcup_{\sigma \in \Pi_d} C_\sigma(z) \quad \text{bzw.} \quad Q_R = \bigcup_{\substack{z \in B_{Ra_n} \\ \forall i: z_i \neq Ra_n}} \bigcup_{\sigma \in \Pi_d} C_\sigma(z), \quad R > 0.$$

Diese Zerlegung ist nahezu disjunkt, nur die Ränder der Tetraeder berühren sich. Jedes Tetraeder hat das Volumen $|C_\sigma(z)| = \frac{1}{d!} a_n^{-d}$.

Für jedes $z = (z_1, \ldots, z_d) \in \mathbb{Z}^d$ und jedes $\sigma \in \Pi_d$ definieren wir die Funktion

$$g_{n,z,\sigma}(x) := \mu_z + \sum_{i=1}^d \nabla_{\sigma(i)} \mu_{z + e_{\sigma(1)} + \cdots + e_{\sigma(i-1)}} (a_n x_{\sigma(i)} - z_{\sigma(i)}), \quad x = (x_1, \ldots, x_d) \in C_\sigma(z).$$

Diese Funktion interpoliert die Funktionswerte in den Eckpunkten des Tetraeders:

$$g_{n,z,\sigma}(a_n^{-1}(z + e_{\sigma(1)} + \cdots + e_{\sigma(k)})) = \mu_z + \sum_{i=1}^k \left(\mu_{z + e_{\sigma(1)} + \cdots + e_{\sigma(i)}} - \mu_{z + e_{\sigma(1)} + \cdots + e_{\sigma(i-1)}}\right)$$
$$= \mu_{z + e_{\sigma(1)} + \cdots + e_{\sigma(k)}}, \quad k = 1, \ldots, d,$$

sowie $g_{n,z,\sigma}(a_n^{-1}z) = \mu_z$. Wir behaupten, dass durch

$$g_n(x) := g_{n,z,\sigma}(x) \quad \text{für } x \in C_\sigma(z)$$

eine wohldefinierte und damit stetige Funktion auf $\mathbb{R}^d$ gegeben ist, d.h. die Funktionswerte der verschiedenen $g_{n,z,\sigma}$ auf den Rändern der Tetraeder stimmen alle überein.

Das kann man wie folgt einsehen. Die Aufgabe, mit einer affinen Funktion auf einem Tetraeder gegebene Werte in den $d+1$ Ecken zu interpolieren, führt zu einem linearen Gleichungssystem für die $d+1$ Koeffizienten vor $x_1, \ldots, x_d$ bzw. dem Absolutterm. Die zugehörige Matrix ist also quadratisch, ferner kann sie durch geeignete Umordnung als Dreiecksmatrix angegeben werden, die in einer Dreieckshälfte nur

3.4. VORBETRACHTUNGEN ZU DEN VARIATIONSPROBLEMEN

aus Einsen besteht. Folglich gibt es pro Tetraeder genau eine interpolierende Funktion, und das ist gerade unsere Funktion $g_{n,z,\sigma}$. Da auf benachbarten Tetraedern jeweils die Werte in den Eckpunkten der Ränder von allen angrenzenden Funktionen interpoliert werden, müssen sämtliche Werte der Funktionen auf diesen Rändern übereinstimmen.

Gemäß [B07, Satz 5.2] gilt für unser so konstruiertes g_n bereits $g_n \in \mathrm{H}^1(Q_{R+2a_n^{-1}})$. Wegen $\operatorname{supp} p_n \subseteq B_{Ra_n}$ haben wir nach Konstruktion $\operatorname{supp} g_n \subseteq Q_{R+a_n^{-1}}$, also folgt $g_n \in \mathrm{H}^1(\mathbb{R}^d)$.

Gradient. Die partiellen Ableitungen sind von der Form

$$\frac{\partial}{\partial x_{\sigma(k)}} g_{n,z,\sigma}(x) = a_n \nabla_{\sigma(k)} \mu_{z+e_{\sigma(1)}+\cdots+e_{\sigma(k-1)}}, \tag{3.61}$$

sodass

$$|\nabla g_{n,z,\sigma}(x)|^2 = \sum_{j=1}^d \left(\frac{\partial}{\partial x_j} g_{n,z,\sigma}(x)\right)^2 = \sum_{k=1}^d \left(\frac{\partial}{\partial x_{\sigma(k)}} g_{n,z,\sigma}(x)\right)^2$$

$$= a_n^2 \sum_{k=1}^d a_n^d Q_{p_n}(z+e_{\sigma(1)}+\cdots+e_{\sigma(k)}, z+e_{\sigma(1)}+\cdots+e_{\sigma(k-1)}) \tag{3.62}$$

für jedes $x \in C_\sigma(z)$. Der Gradient von g_n ist also tetraederweise konstant. Wegen $\operatorname{supp} p_n \subseteq B_{Ra_n}$ und $|C_\sigma(z)| = \frac{1}{d!} a_n^{-d}$ folgt

$$\int_{\mathbb{R}^d} |\nabla g_n(x)|^2 \mathrm{d}x = \int_{Q_{R+a_n^{-1}}} |\nabla g_n(x)|^2 \mathrm{d}x = \sum_{\substack{z \in B_{Ra_n+1} \\ \forall i: z_i \neq Ra_n+1}} \sum_{\sigma \in \Pi_d} \int_{C_\sigma(z)} |\nabla g_{n,z,\sigma}(x)|^2$$

$$= a_n^2 \sum_{k=1}^d \sum_{\substack{z \in B_{Ra_n+1} \\ \forall i: z_i \neq Ra_n+1}} \sum_{\sigma \in \Pi_d} \frac{1}{d!} Q_{p_n}(z+e_{\sigma(1)}+\cdots+e_{\sigma(k)}, z+e_{\sigma(1)}+\cdots+e_{\sigma(k-1)}).$$

Sei $k \in \{1,\ldots,d\}$ fest. Die Summen über z und σ schreiben wir mittels folgender Überlegung um. Zu jedem $j \in \{1,\ldots,d\}$ gibt es genau $(d-1)!$ Permutationen σ mit $\sigma(k) = j$. Bezeichnen wir für so eine Permutation $x := z+e_{\sigma(1)}+\cdots+e_{\sigma(k-1)}$ und $y := z+e_{\sigma(1)}+\cdots+e_{\sigma(k)} = x+e_j$, so ergibt sich

$$\sum_{\substack{z \in B_{Ra_n+1} \\ \forall i: z_i \neq Ra_n+1}} \sum_{\sigma \in \Pi_d} Q_{p_n}(z+e_{\sigma(1)}+\cdots+e_{\sigma(k)}, z+e_{\sigma(1)}+\cdots+e_{\sigma(k-1)})$$

$$= \sum_{j=1}^d \sum_{\substack{x,y \in B_{Ra_n+1} \\ y = x+e_j}} (d-1)! Q_{p_n}(y,x) = \frac{(d-1)!}{2} \sum_{\substack{x,y \in B_{Ra_n+1} \\ x \sim y}} Q_{p_n}(y,x),$$

da in der letzten Summe die Rollen von x und y vertauschbar sind und somit jeder Summand doppelt vorkommt. Vergleichen wir unser Ergebnis mit der Definition (3.29) von $S(p)$, so erkennen wir

$$\int_{\mathbb{R}^d} |\nabla g_n(x)|^2 \mathrm{d}x = a_n^2 \sum_{k=1}^d \frac{(d-1)!}{d!} S(p_n) = a_n^2 S(p_n). \tag{3.63}$$

In Zusammenhang mit (3.58) ist damit auch (3.59) gezeigt.

L²-Norm. Für die Treppenfunktion $h_n(x) = \sqrt{a_n^d p_n(\lfloor a_n x \rfloor)} = \mu_z$, falls $x \in C_\sigma(z)$, gilt

$$\|h_n\|_2^2 = \int_{\mathbb{R}^d} a_n^d p_n(\lfloor a_n x \rfloor) \mathrm{d}x = \sum_{z \in \mathbb{Z}^d} p_n(z) = 1. \tag{3.64}$$

Unser Ziel ist,

$$\lim_{n \to \infty} \|g_n - h_n\|_2 = 0 \tag{3.65}$$

zu zeigen. Wegen (3.64) folgt daraus insbesondere auch (3.60).

Aus der Definition der Funktion $g_n = g_{n,z,\sigma}$ auf $C_\sigma(z)$ und ihrer partiellen Ableitung (3.61) folgt

$$\|g_n - h_n\|_2^2 = \sum_{\substack{z \in B_{Ra_n+1} \\ \forall i : z_i \neq Ra_n+1}} \sum_{\sigma \in \Pi_d} \int_{C_\sigma(z)} \Big(\sum_{k=1}^d (a_n x_{\sigma(k)} - z_{\sigma(k)}) a_n^{-1} \frac{\partial}{\partial x_{\sigma(k)}} g_n(x)\Big)^2 \mathrm{d}x$$

$$\leq a_n^{-2} \sum_{\substack{z \in B_{Ra_n+1} \\ \forall i : z_i \neq Ra_n+1}} \sum_{\sigma \in \Pi_d} \int_{C_\sigma(z)} \Big(\sum_{k=1}^d \frac{\partial}{\partial x_{\sigma(k)}} g_n(x)\Big)^2 \mathrm{d}x,$$

denn es ist $|a_n x_{\sigma(k)} - z_{\sigma(k)}| \leq 1$ für $x \in C_\sigma(z)$. Aus Jensens Ungleichung erhalten wir

$$\Big(\sum_{i=1}^d c_i\Big)^2 = d^2 \Big(\sum_{i=1}^d \frac{c_i}{d}\Big)^2 \leq d \sum_{i=1}^d c_i^2$$

für $c_i \geq 0$, also

$$\|g_n - h_n\|_2^2 \leq d a_n^{-2} \sum_{\substack{z \in B_{Ra_n+1} \\ \forall i : z_i \neq Ra_n+1}} \sum_{\sigma \in \Pi_d} \int_{C_\sigma(z)} \sum_{k=1}^d \Big(\frac{\partial}{\partial x_{\sigma(k)}} g_n(x)\Big)^2 \mathrm{d}x$$

$$= d a_n^{-2} \int_{\mathbb{R}^d} |\nabla g_n(x)|^2 \mathrm{d}x. \tag{3.66}$$

Aufgrund von (3.59) gilt somit (3.65).

3.4. VORBETRACHTUNGEN ZU DEN VARIATIONSPROBLEMEN

$L^{2\gamma}$-„Norm" ($\gamma > 0$). Für die Treppenfunktion h_n haben wir

$$\int_{\mathbb{R}^d} h_n^{2\gamma} = \int_{\mathbb{R}^d} a_n^{d\gamma} p_n(\lfloor a_n x \rfloor)^\gamma \mathrm{d}x = a_n^{d(\gamma-1)} \sum_{z \in \mathbb{Z}^d} p_n(z)^\gamma. \qquad (3.67)$$

Wieder wollen wir zeigen, dass der entsprechende Term für g_n sich hiervon nicht stark unterscheidet, wenn n groß wird. Aufgrund der verschiedenen Vorzeichen von $1 - \gamma$ in den Fällen $\gamma > 1$ bzw. $\gamma < 1$ müssen wir allerdings in unterschiedliche Richtungen abschätzen.

Sei erst $\gamma > 1$. Wegen der Dreiecksgleichung ist $\|g_n\|_{2\gamma} \geq \|h_n\|_{2\gamma} - \|h_n - g_n\|_{2\gamma}$. Wir werden $\limsup_{n \to \infty} \|h_n - g_n\|_{2\gamma} = 0$ zeigen, dann folgt

$$\liminf_{n \to \infty} \|g_n\|_{2\gamma}^{2\gamma} \geq \limsup_{n \to \infty} a_n^{d(\gamma-1)} \sum_{z \in \mathbb{Z}^d} p_n(z)^\gamma, \quad \gamma > 1. \qquad (3.68)$$

In analoger Rechnung zur L^2-Norm erhalten wir

$$\|g_n - h_n\|_{2\gamma}^{2\gamma} \leq d^\gamma a_n^{-2} \int_{\mathbb{R}^d} |\nabla g_n(x)|^{2\gamma} \mathrm{d}x.$$

Wir erinnern an die Darstellung (3.62). Da p_n ein Wahrscheinlichkeitsmaß ist, gilt $Q_{p_n}(x,y) \leq 1$ und somit $|\nabla g_n(x)|^2 \leq d a_n^{d+2}$. Hieraus folgt wegen $\gamma > 1$

$$|\nabla g_n(x)|^{2\gamma} = d^\gamma a_n^{(d+2)\gamma} \left(\frac{|\nabla g_n(x)|^2}{d a_n^{d+2}} \right)^\gamma$$

$$\leq d^\gamma a_n^{(d+2)\gamma} \frac{|\nabla g_n(x)|^2}{d a_n^{d+2}} = d^{\gamma-1} a_n^{2\gamma} a_n^{-2-d(1-\gamma)} |\nabla g_n(x)|^2.$$

Wegen $\gamma < 1 + 2/d$ und (3.59) haben wir also

$$\limsup_{n \to \infty} \|g_n - h_n\|_{2\gamma}^{2\gamma} \leq \liminf_{n \to \infty} d^{2\gamma-1} a_n^{-2-d(1-\gamma)} \int_{\mathbb{R}^d} |\nabla g_n(x)|^2 \mathrm{d}x = 0. \qquad (3.69)$$

Im Fall $\gamma < 1$ müssen wir genau die umgekehrte Ungleichung zu (3.68) zeigen. Hierfür schreiben wir $h_n^{2\gamma} = (g_n - [h_n - g_n])^{2\gamma} =: (\alpha - [\beta])^{2\gamma}$ und verwenden die Ungleichung $(|\alpha - \beta|^\gamma)^2 \leq (|\alpha|^\gamma - |\beta|^\gamma)^2 \geq |\alpha|^{2\gamma} - 2|\alpha\beta|^\gamma$. Wenn wir zeigen können, dass $\int_{\mathbb{R}^d} |\alpha\beta|^\gamma$ gegen Null konvergiert, folgt zusammen mit (3.67)

$$\limsup_{n \to \infty} \int_{\mathbb{R}^d} g_n^{2\gamma} \leq \liminf_{n \to \infty} \int_{\mathbb{R}^d} h_n^{2\gamma} = \liminf_{n \to \infty} a_n^{d(\gamma-1)} \sum_{z \in \mathbb{Z}^d} p_n(z)^\gamma, \quad \gamma < 1. \qquad (3.70)$$

Aus Jensen (mit der Dichte $1/|Q_{R+a_n^{-1}}|$) und Cauchy-Schwarz erhalten wir

$$\int_{Q_{R+a_n^{-1}}} g_n^\gamma |h_n - g_n|^\gamma \leq |Q_{R+a_n^{-1}}|^{1-\gamma} \left(\int_{Q_{R+a_n^{-1}}} g_n |h_n - g_n| \right)^\gamma$$

$$\leq |Q_{R+a_n^{-1}}|^{1-\gamma} \left(\int_{Q_{R+a_n^{-1}}} g_n^2 \right)^{\gamma/2} \left(\int_{Q_{R+a_n^{-1}}} (h_n - g_n)^2 \right)^{\gamma/2}.$$

$$(3.71)$$

Wegen (3.60) und (3.65) ergibt sich nun

$$\lim_{n\to\infty}\int_{\mathbb{R}^d}g_n^\gamma|h_n-g_n|^\gamma = \int_{Q_{R+a_n^{-1}}}g_n^\gamma|h_n-g_n|^\gamma = 0.$$

Der Fall $\gamma = 0$. Nach Definition der Treppenfunktion h_n gilt

$$a_n^{-d}|\mathrm{supp}\,p_n| = |\mathrm{supp}\,h_n|. \tag{3.72}$$

Weiter schreiben wir für ein festes $\varepsilon > 0$

$$|\mathrm{supp}\,h_n| = \int_{\mathbb{R}^d}\mathbb{1}_{\{h_n(x)>0\}}\mathrm{d}x \geq \int_{\mathbb{R}^d}\mathbb{1}_{\{h_n(x)>0,\,g_n(x)>\varepsilon\}}\mathrm{d}x$$
$$= \int_{\mathbb{R}^d}\mathbb{1}_{\{g_n(x)>\varepsilon\}}\mathrm{d}x - \int_{\mathbb{R}^d}\mathbb{1}_{\{g_n(x)>\varepsilon,\,h_n(x)=0\}}\mathrm{d}x$$

und zeigen, dass $\int_{\mathbb{R}^d}\mathbb{1}_{\{g_n(x)>\varepsilon,\,h_n(x)=0\}}\mathrm{d}x$ für $n\to\infty$ verschwindet.

Sei $x \in C_\sigma(z)$ für geeignete $z \in \mathbb{Z}^d$ und $\sigma \in \Pi_d$. Im Folgenden kürzen wir

$$\nabla_{\sigma(i)}p_n(z) := \sqrt{p_n(z+e_{\sigma(1)}+\cdots+e_{\sigma(i)})} - \sqrt{p_n(z+e_{\sigma(1)}+\cdots+e_{\sigma(i-1)})}$$

ab. Wenn $h_n(x) = 0$ gilt, so ist $p_n(z) = 0$. Ist außerdem $g_n(x) > \varepsilon$, dann muss es nach Definition von $g_n(x) = g_{n,z,\sigma}(x)$ wenigstens ein i mit

$$a_n^{d/2}\nabla_{\sigma(i)}p_n(z)(a_nx_{\sigma(i)}-z_{\sigma(i)}) > \frac{\varepsilon}{d} =: \varepsilon_1$$

geben. Da $0 \leq a_nx_{\sigma(i)} - z_{\sigma(i)} \leq 1$ gilt, stimmt das auch ohne diesen Faktor. Den Indikator über das entsprechende Ereignis schätzen wir gegen die Summe über alle $i = 1,\ldots,d$ ab:

$$\mathbb{1}_{\{g_n(x)>\varepsilon,\,h_n(x)=0\}} \leq \sum_{i=1}^d \mathbb{1}_{\{a_n^{d/2}\nabla_{\sigma(i)}p_n(z)>\varepsilon_1\}} \leq \sum_{i=1}^d \mathbb{1}_{\{(\nabla_{\sigma(i)}p_n(z))^2 > a_n^{-d}\varepsilon_1^2\}}$$
$$\leq \varepsilon_1^{-2}a_n^d\sum_{i=1}^d\bigl(\nabla_{\sigma(i)}p_n(z)\bigr)^2.$$

Es folgt (wir erinnern an $|C_\sigma(z)| = a_n^{-d}/d!$)

$$\int_{\mathbb{R}^d}\mathbb{1}_{\{g_n(x)>\varepsilon,\,h_n(x)=0\}}\mathrm{d}x = \sum_{z\in\mathbb{Z}^d}\sum_{\sigma\in\Pi_d}\int_{C_\sigma(z)}\mathbb{1}_{\{g_n(x)>\varepsilon,\,h_n(x)=0\}}\mathrm{d}x$$
$$\leq \varepsilon_1^{-2}\sum_{z\in\mathbb{Z}^d}\frac{1}{d!}\sum_{\sigma\in\Pi_d}\sum_{i=1}^d\bigl(\nabla_{\sigma(i)}p_n(z)\bigr)^2.$$

3.4. VORBETRACHTUNGEN ZU DEN VARIATIONSPROBLEMEN

Aus unserer Argumentation bei der Berechnung des Gradienten ergibt sich

$$\int_{\mathbb{R}^d} \mathbb{1}_{\{g_n(x)>\varepsilon,\, h_n(x)=0\}} \mathrm{d}x \leq \varepsilon_1^{-2} S(p_n),$$

was aufgrund von (3.58) gegen Null konvergiert. Somit haben wir gezeigt, dass

$$\liminf_{n\to\infty} |\operatorname{supp} h_n| \geq \limsup_{n\to\infty} \int_{\mathbb{R}^d} \mathbb{1}_{\{g_n(x)>\varepsilon\}} \tag{3.73}$$

für jedes $\varepsilon > 0$ erfüllt ist.

Schritt 3: Konvergenz. Aus (3.59), (3.60) und dem Satz von Banach-Alaoglu erhalten wir schwache $L^2(\mathbb{R}^d)$-Grenzwerte von (Teilfolgen von) $(g_n)_n$ sowie $(\nabla g_n)_n$. Bezeichne g den Grenzwert von $(g_n)_n$. Wegen [LL01, Theorem 8.6(a)] ist ∇g der Grenzwert von $(\nabla g_n)_n$ und wegen [LL01, Theorem 2.11] (Unterhalbstetigkeit der Norm) haben wir

$$\liminf_{n\to\infty} \int_{\mathbb{R}^d} |\nabla g_n(x)|^2 \mathrm{d}x \geq \int_{\mathbb{R}^d} |\nabla g(x)|^2 \mathrm{d}x. \tag{3.74}$$

Nach Konstruktion gilt $\operatorname{supp} g_n \subseteq Q_{R+a_n^{-1}}$. Sei $\varepsilon > 0$. Dann ist $Q_{R+a_n^{-1}} \subseteq Q_{R+\varepsilon}$ für alle hinreichend großen n, also $\operatorname{supp} g_n \subseteq Q_{R+\varepsilon}$. Da das für alle $\varepsilon > 0$ erfüllt ist, gilt für die Grenzfunktion

$$\operatorname{supp} g \subseteq Q_R.$$

Da wir gemäß [LL01, Theorem 8.6(b)] auf kompakten Teilmengen des $\mathbb{R}^d$ (für Teilfolgen) starke L^2- und (wegen $\gamma < 1 + 2/d$ auch $L^{2\gamma}$-Konvergenz haben, gilt weiterhin

$$\lim_{n\to\infty} \int_{\mathbb{R}^d} g_n(x)^2 \mathrm{d}x = \int_{\mathbb{R}^d} g(x)^2 \mathrm{d}x, \tag{3.75}$$

$$\lim_{n\to\infty} \int_{\mathbb{R}^d} g_n(x)^{2\gamma} \mathrm{d}x = \int_{\mathbb{R}^d} g(x)^{2\gamma} \mathrm{d}x, \quad \gamma > 0. \tag{3.76}$$

Im Fall $\gamma = 0$ nutzen wir [LL01, Theorem 8.7], um festzustellen, dass g_n auf Q_R auch fast überall gegen g konvergiert. Somit konvergiert $\mathbb{1}_{\{g_n>\varepsilon\}}$ fast überall gegen $\mathbb{1}_{\{g>\varepsilon\}}$ und das Lemma von Fatou ergibt

$$\liminf_{n\to\infty} \int_{\mathbb{R}^d} \mathbb{1}_{\{g_n(x)>\varepsilon\}} \mathrm{d}x \geq \int_{\mathbb{R}^d} \mathbb{1}_{\{g(x)>\varepsilon\}} \mathrm{d}x. \tag{3.77}$$

Aus (3.65), (3.64) und (3.75) folgt

$$\|g\|_2 = \lim_{n\to\infty} \|g_n\|_2 = \lim_{n\to\infty} \|h_n\|_2 = 1.$$

Weiterhin gilt wegen (3.63) und (3.74)

$$\int_{\mathbb{R}^d} |\nabla g(x)|^2 \mathrm{d}x \leq \liminf_{n\to\infty} a_n^2 S(p_n).$$

Schließlich implizieren (3.68) bzw. (3.70) und (3.76)

$$\frac{1}{1-\gamma} \int_{\mathbb{R}^d} g(x)^{2\gamma} \mathrm{d}x \leq \liminf_{n\to\infty} \frac{1}{1-\gamma} a_n^{d(\gamma-1)} \sum_{z\in\mathbb{Z}^d} p_n(z)^\gamma, \quad \gamma > 0.$$

Im Fall $\gamma = 0$ folgt aus (3.72), (3.73) und (3.77)

$$\int_{\mathbb{R}^d} \mathbb{1}_{\{g(x)>\varepsilon\}} \mathrm{d}x \leq \liminf_{n\to\infty} a_n^{-d} |\operatorname{supp} p_n|$$

für jedes $\varepsilon > 0$. Da $\lim_{\varepsilon \downarrow 0} \mathbb{1}_{\{g(x)>\varepsilon\}} \mathrm{d}x = \mathbb{1}_{\{g(x)>0\}}$ gilt, ergibt der Satz der monotonen Konvergenz $\lim_{\varepsilon \downarrow 0} \int_{\mathbb{R}^d} \mathbb{1}_{\{g(x)>\varepsilon\}} \mathrm{d}x = |\operatorname{supp} g|$. Damit ist alles gezeigt.

Kapitel 4

Beweis der asymptotischen Resultate

4.1 Phase 1: Beweis von Theorem 2.1.3

Dieser Beweis basiert auf dem von [GM98, Lemma 1.7c)].

Wir erinnern an unsere vorbereitenden Bezeichnungen und Rechnungen in Abschnitt 3.1.1. Eine untere Schranke für den Erwartungswert $\langle U(t) \rangle$ erhalten wir, indem wir die Irrfahrt $(X_t)_t$ auf das Ereignis einschränken, dass sie im Ursprung verweilt. Da die Sprungzeiten $\mathrm{Exp}(2d\kappa(t))$-verteilt sind, beträgt die Wahrscheinlichkeit für dieses Ereignis, d.h. dafür, dass bis zum Zeitpunkt t noch kein Sprung erfolgt, $\exp(-2dt\kappa(t))$.

Ausgehend von Umformung (3.1) erhalten wir dann

$$\langle U(t) \rangle \geq \mathbb{E}\Big[\exp\Big(\sum_{z \in \mathbb{Z}^d} H(\ell_t(z))\Big) \mathbb{1}_{\{\mathrm{supp}\,\ell_t = \{0\}\}}\Big]$$
$$= \mathbb{E}\big[\exp(H(t)) \mathbb{1}_{\{\mathrm{supp}\,\ell_t = \{0\}\}}\big] = \exp(H(t) - 2dt\kappa(t)),$$

womit die untere Schranke gezeigt ist.

Für die obere Schranke betrachten wir die l^1-normierten Lokalzeiten $L_t = \ell_t/t$ und zeigen, dass der Hauptbeitrag des Erwartungswertes $\langle U(t) \rangle$ von dem Ereignis stammt, dass diese annähernd das Diracmaß in 0 sind. Dieses Ereignis wird genau den gesuchten Beitrag geben und auf dem Gegenereignis ist der Erwartungswert wegen des PGA für L_t von kleinerer exponentieller Ordnung.

Technisch realisieren wir diese Idee, indem wir ein $\varepsilon \in (0, \frac{1}{2})$ einführen und den Erwartungswert getrennt auf den genannten Ereignissen betrachten. Für das PGA muss allerdings zunächst kompaktifiziert werden. Wir führen daher die periodisierten normierten Lokalzeiten (3.11) auf dem Torus B_R ein. Dann können wir, ausgehend

76   KAPITEL 4. BEWEIS DER ASYMPTOTISCHEN RESULTATE

von (3.12), schreiben:

$$\langle U(t) \rangle \leq e^{H(t)} \mathbb{E}\left[\exp\left(\underbrace{K_H(t) \sum_{z \in B_R} \frac{H(tL_t^{\pi,R}(z)) - L_t^{\pi,R}(z)H(t)}{K_H(t)}}_{=:A_t} \right) \right]$$

$$= e^{H(t)} \left(\mathbb{E}\left[e^{A_t} \mathbb{1}_{\{\exists z \in B_R:\, L_t^{\pi,R}(z) \in (\varepsilon, 1-\varepsilon)\}} \right] + \mathbb{E}\left[e^{A_t} \mathbb{1}_{\{\forall z \in B_R:\, L_t^{\pi,R}(z) \notin (\varepsilon, 1-\varepsilon)\}} \right] \right).$$
(4.1)

Zur Abschätzung des ersten Summanden in (4.1) beachten wir, dass wegen (2.1) der Term

$$\frac{H(tL_t^{\pi,R}(z)) - L_t^{\pi,R}(z)H(t)}{K_H(t)}$$

gleichmäßig in $z \in B_R$ gegen $\rho \hat{H}(L_t^{\pi,R}(z))$ konvergiert. Aufgrund der Gestalt der Grenzfunktion (siehe (2.2)) und wegen $L_t^{\pi,R} \in [0,1]$ sind sämtliche Grenzwerte nichtpositiv und ihre Summe ist sogar negativ, da wir uns auf dem Ereignis $\{\exists z \in B_R : L_t^{\pi,R}(z) \in (\varepsilon, 1-\varepsilon)\}$ befinden. Somit kann diese Summe für große t gleichmäßig auf B_R nach oben durch ein $N_R < 0$ beschränkt werden. Es folgt

$$\mathbb{E}\left[e^{A_t} \mathbb{1}_{\{\exists z \in B_R:\, L_t^{\pi,R}(z) \in (\varepsilon, 1-\varepsilon)\}} \right] \leq \exp(-K_H(t)|N_R|).$$

Aufgrund unserer Voraussetzung $\kappa(t) \ll K_H(t)/t$ gilt weiterhin

$$\limsup_{t \to \infty} \frac{1}{t\kappa(t)} \log \mathbb{E}\left[e^{A_t} \mathbb{1}_{\{\exists z \in B_R:\, L_t^{\pi,R}(z) \in (\varepsilon, 1-\varepsilon)\}} \right] \leq \liminf_{t \to \infty} \left(-|N_R| \frac{K_H(t)}{t\kappa(t)} \right) = -\infty$$
(4.2)

für jedes $R \in \mathbb{N}$.

Nun zu dem zweiten Summanden in (4.1): Zunächst ist der Term im Exponenten nichtpositiv, denn die Kumulantenerzeugende H ist konvex mit $H(0) = 0$, und wegen $L_t^{\pi,R} \in [0,1]$ können wir Lemma 3.2.1(a) anwenden. Somit gilt

$$\mathbb{E}\left[e^{A_t} \mathbb{1}_{\{\forall z \in B_R:\, L_t^{\pi,R}(z) \notin (\varepsilon, 1-\varepsilon)\}} \right] \leq \mathbb{P}(L_t^{\pi,R} \in M_\varepsilon)$$

mit $M_\varepsilon = \{p \in \mathcal{M}_1(B_R) : \forall z \in B_R,\, p(z) \notin (\varepsilon, 1-\varepsilon)\}$. Der Prozess $(L_t^{\pi,R})_t$ erfüllt nach Proposition 3.1.1(b) ein Prinzip großer Abweichungen, sodass wir

$$\limsup_{t \to \infty} \frac{1}{t\kappa(t)} \log \mathbb{E}\left[e^{A_t} \mathbb{1}_{\{\forall z \in B_R:\, L_t^{\pi,R}(z) \notin (\varepsilon, 1-\varepsilon)\}} \right] \leq -\inf_{p \in M_\varepsilon} S^{\pi,R}(p)$$

für beliebige $\varepsilon > 0$ erhalten. Zu zeigen ist nur noch, dass für $\varepsilon \to 0$ das Infimum gegen $S^{\pi,R}(\delta_0) = 2d$ konvergiert. Tatsächlich konvergiert jedes $p \in M_\varepsilon$ gegen ein Diracmaß, welches aufgrund der Shiftinvarianz von $S^{\pi,R}$ als δ_0 angenommen werden

4.2. PHASE 2: BEWEIS VON THEOREM 2.1.4   77

kann. Außerdem ist die Funktion $S^{\pi,R}$ als endliche Summe stetiger Funktionen stetig. Also folgt

$$\limsup_{t\to\infty} \frac{1}{t\kappa(t)} \log \mathbb{E}\big[\mathrm{e}^{A_t} \mathbb{1}_{\{\forall z \in B_R\colon L_t^{\pi,R}(z) \notin (\varepsilon, 1-\varepsilon)\}}\big] \leq -2d \qquad (4.3)$$

für alle $R \in \mathbb{N}$. Einsetzen von (4.2) und (4.3) in (4.1) ergibt nun die obere Schranke. Damit ist Theorem 2.1.3 gezeigt.

4.2 Phase 2: Beweis von Theorem 2.1.4

Der Beweis der Asymptotik von $\langle U(t) \rangle$ im Fall $K_H(t) \asymp t\kappa(t)$ erfolgt in zwei Schritten. Zuerst wird kompaktifiziert und eine untere bzw. obere Schranke auf der Box B_R hergeleitet.

Proposition 4.2.1. *Unter den Voraussetzungen von Theorem* 2.1.4 *gelten für jedes* $R \in \mathbb{N}$

(a) $\liminf_{t\to\infty} \frac{1}{t\kappa(t)} \log \langle U(t) \mathrm{e}^{-H(t)} \rangle \geq -\chi_\gamma^{\mathrm{d},0}(\rho/\kappa_*, R)$,

(b) $\limsup_{t\to\infty} \frac{1}{t\kappa(t)} \log \langle U(t) \mathrm{e}^{-H(t)} \rangle \leq -\chi_\gamma^{\mathrm{d},\pi}(\rho/\kappa_*, R)$.

Die Variationsprobleme $\chi_\gamma^{\mathrm{d},0}$ bzw. $\chi_\gamma^{\mathrm{d},\pi}$ wurden in (3.17) bzw. (3.18) definiert und die Parameter $\gamma \geq 0$ sowie $\rho > 0$ sind durch die Annahme (2.1) bestimmt. Außerdem ist $\kappa_* = \lim_{t\to\infty} t\kappa(t)/K_H(t)$.

Im zweiten Schritt wird entkompaktifiziert, d.h. wir zeigen, dass diese Variationsformeln für $R \to \infty$ gegen denselben Grenzwert konvergieren, nämlich gegen das gewünschte χ_γ^{d} in (2.6).

Proposition 4.2.2. *Für alle* $\gamma > 0$ *und alle* $\rho > 0$ *gilt*

(a) $\chi_\gamma^{\mathrm{d},\pi}(\rho, R) \leq \chi_\gamma^{\mathrm{d}}(\rho) \leq \chi_\gamma^{\mathrm{d},0}(\rho, R)$ *für jedes* $R \in \mathbb{N}$,

(b) $\lim_{R\to\infty}(\chi_\gamma^{\mathrm{d},0}(\rho, R) - \chi_\gamma^{\mathrm{d},\pi}(\rho, R)) = 0$.

Da im Fall $\gamma = 0$ das Infimum $\chi_0^{\mathrm{d}}(\rho) = \inf_{p \in \mathcal{M}_1(\mathbb{Z}^d)}\{S(p) + \rho(|\operatorname{supp} p| - 1)\}$ nur durch Wahrscheinlichkeitsmaße mit endlichem Träger angenähert werden kann, gilt offensichtlich $\chi_0^{\mathrm{d},0}(\rho, R) = \chi_0^{\mathrm{d},\pi}(\rho, R) = \chi_0^{\mathrm{d}}(\rho)$ für hinreichend große R.

Wenn wir Propositionen 4.2.1 und 4.2.2 zusammensetzen, haben wir Theorem 2.1.4 bewiesen.

KAPITEL 4. BEWEIS DER ASYMPTOTISCHEN RESULTATE

Beweis von Proposition 4.2.1. Wir folgen dem Beweis von [GM98, Lemma 1.7].

(a) Der Beweis der unteren Schranke beginnt mit Formel (3.10). Hier haben wir schon auf die Box B_R eingeschränkt und soweit umgeformt, dass wir – gleichmäßig auf B_R – die Asymptotik (2.1) einsetzen können. Damit haben wir

$$\langle U(t)\rangle e^{-H(t)} \geq \mathbb{E}\left[\exp\left(K_H(t)\sum_{z\in B_R}\rho\hat{H}(L_t(z))(1+o(1))\right)\mathbb{1}_{\{\mathrm{supp}\,L_t\subseteq B_R\}}\right].$$

Nach Voraussetzung ist die Ordnung im Exponenten $K_H(t) = t\kappa(t)/\kappa_*(1+o(1))$. Wir sind also auf der richtigen Skala für die Anwendung des Prinzips großer Abweichungen für L_t aus Proposition 3.1.1(a). Da die Funktion

$$p \mapsto \frac{\rho}{\kappa_*}\sum_{z\in B_R}\hat{H}(p(z)) = -\frac{\rho}{\kappa_*}J_\gamma^R(p), \quad p\in\mathcal{M}_1(\mathbb{Z}^d),\ \mathrm{supp}\,p\subseteq B_R$$

(mit J_γ^R wie in (3.16)) beschränkt ist, können wir unter Anwendung von Varadhans Lemma (siehe z.B. [H00, Theorem III.2]) schlussfolgern, dass

$$\liminf_{t\to\infty}\frac{1}{t\kappa(t)}\log\langle U(t)e^{-H(t)}\rangle$$
$$\geq \inf\left\{S^{0,R}(p) + \frac{\rho}{\kappa_*}J_\gamma^R(p)\ :\ p\in\mathcal{M}_1(\mathbb{Z}^d),\ \mathrm{supp}\,p\subseteq B_R\right\} = \chi_\gamma^{\mathrm{d},0}\!\left(\frac{\rho}{\kappa_*},R\right).$$

(b) Via Periodisierung haben wir für den Erwartungswert schon die obere Schranke (3.12) gefunden. Die restlichen Schritte erfolgen analog zur unteren Schranke. Wir verwenden die Asymptotik (2.1) der Kumulantenerzeugenden und Varadhans Lemma für das PGA, das Proposition 3.1.1(b) für die periodisierten Lokalzeiten $L_t^{\pi,R}$ feststellt, um zu zeigen, dass

$$\limsup_{t\to\infty}\frac{1}{t\kappa(t)}\log\langle U(t)e^{-H(t)}\rangle$$
$$\leq \inf\left\{S^{\pi,R}(p) + \frac{\rho}{\kappa_*}J_\gamma^R(p)\ :\ p\in\mathcal{M}_1(B_R)\right\} = \chi_\gamma^{\mathrm{d},\pi}\!\left(\frac{\rho}{\kappa_*},R\right)$$

erfüllt ist. Damit ist Proposition 4.2.1 bewiesen.

Beweis von Proposition 4.2.2. Für $\gamma = 1$ entspricht diese Proposition genau [GM98, Lemma 1.10]. Leider lässt sich der Beweis dieses Lemmas nicht komplett auf den allgemeinen Fall übertragen, da er eine Aufspaltung des d-dimensionalen Variationsproblems in eine Summe von eindimensionalen Problemen verwendet. Dies ist aufgrund der Definition von $\hat{H}$ in (2.2) im Fall $\gamma \neq 1$ nicht möglich, da die Funktion $y - y^\gamma$ nicht dieselbe additive Struktur hat wie $y\log y$. Wir werden daher den Beweis an die d-dimensionale Situation anpassen.

4.2. PHASE 2: BEWEIS VON THEOREM 2.1.4

(a) Wir erinnern an die Definition von $S(p)$ in (3.29) und definieren weiterhin

$$J_\gamma(p) := -\sum_{z \in \mathbb{Z}^d} \hat{H}(p(z)).$$

Dann ist

$$\chi_\gamma^{\mathrm{d}}(\rho) = \inf\{S(p) + \rho J_\gamma(p) \; : \; p \in \mathcal{M}_1(\mathbb{Z}^d)\}.$$

Die Ungleichung $\chi_\gamma^{\mathrm{d}}(\rho) \leq \chi_\gamma^{\mathrm{d},0}(\rho, R)$ ist klar, da das Variationsproblem auf der linken Seite einen größeren Definitionsbereich hat. Um die zweite Ungleichung zu beweisen, definieren wir zu $p \in \mathcal{M}_1(\mathbb{Z}^d)$ ein Wahrscheinlichkeitsmaß auf B_R durch

$$p_R(z) = \sum_{k \in (2R+1)\mathbb{Z}^d} p(z+k), \quad z \in B_R.$$

Zu zeigen reicht $S^{\pi,R}(p_R) \leq S(p)$ sowie $J_\gamma^R(p_R) \leq J_\gamma(p)$ für jedes $\gamma > 0$ und $R \in \mathbb{N}$, dann folgt $\chi_\gamma^{\mathrm{d},\pi}(\rho, R) \leq \chi_\gamma^{\mathrm{d}}(\rho)$ für alle $\rho > 0$. Die erste Ungleichung haben wir in Lemma 3.4.3(a) bewiesen. Um die zweite Ungleichung zu zeigen, verwenden wir die Subadditivität der Funktion $-\hat{H}$, die aus Lemma 3.2.1(b) folgt:

$$J_\gamma(p) = -\sum_{x \in \mathbb{Z}^d} \hat{H}(p(x)) = -\sum_{z \in B_R} \sum_{k \in (2R+1)\mathbb{Z}^d} \hat{H}(p(z+k))$$

$$\geq -\sum_{z \in B_R} \hat{H}\Big(\sum_{k \in (2R+1)\mathbb{Z}^d} p(z+k)\Big) = -\sum_{z \in B_R} \hat{H}(p_R(z)) = J_\gamma^R(p_R).$$

(b) Da das Minimum $\chi_\gamma^{\mathrm{d},\pi}(\rho, R)$ über eine endliche Menge gebildet wird, existiert ein Minimierer $p \in \mathcal{M}_1(B_R)$. Als Maß auf $\mathbb{Z}^d$ mit Support in B_R aufgefasst, ist p auch ein Kandidat für das Minimum $\chi_\gamma^{\mathrm{d},0}(\rho, R)$. Folglich haben wir

$$\chi_\gamma^{\mathrm{d},0}(\rho, R) - \chi_\gamma^{\mathrm{d},\pi}(\rho, R) \leq \big(S^{0,R}(p) + \rho J_\gamma^R(p)\big) - \big(S^{\pi,R}(p) + \rho J_\gamma^R(p)\big)$$
$$= S^{0,R}(p) - S^{\pi,R}(p).$$

Aufgrund von Lemma 3.4.3(b) gilt $S^{0,R}(p) - S^{\pi,R}(p) \leq \sum_{\{x,y\} \in G_R^\pi} \big(p(x) + p(y)\big)$, wobei $G_R^\pi = \big\{\{x,y\} \subseteq B_R : \exists i \in \{1, \ldots, d\} : x_i = -R, y = x + 2Re_i\big\}$ der „periodische Rand" von B_R ist. Weiter verwenden wir Lemma 3.4.4 mit $\zeta_R = 0$ und erhalten wegen Shiftinvarianz

$$0 \leq \chi_\gamma^{\mathrm{d},0}(\rho, R) - \chi_\gamma^{\mathrm{d},\pi}(\rho, R) \leq \frac{2d}{2R+1}.$$

Daraus folgt die Behauptung.

4.3 Phase 3: Beweis von Lemma 2.1.5 und Theorem 2.1.6

Zunächst zeigen wir die Existenz und wesentliche Eigenschaften unserer Skalierungsfunktion α_t, die im Verlauf des Beweises von Theorem 2.1.6 immer wieder eine Rolle spielen werden. Im Anschluss folgen die Beweise der unteren und der oberen Schranke von Theorem 2.1.6.

4.3.1 Reguläre Variation: Beweis von Lemma 2.1.5

Unser Vorgehen folgt teilweise dem des Beweises von [HKM06, Proposition 1.2]. Die wesentliche Voraussetzung ist die der regulären Variation der Funktion $\kappa(t)$ mit Parameter $\gamma - 1 < \beta < 2/d$, insbesondere gilt also $\gamma < 1 + 2/d$. Wir verwenden die Bezeichnung $\kappa(t) \sim \mathrm{RV}(\beta)$.

(a) Wir betrachten die Funktion $h(s) = s^{1+2/d} K_H(s)^{-1}$. Nach Voraussetzung gilt $K_H \sim \mathrm{RV}(\gamma)$, also ist mit Lemma 3.2.4(a) $h \sim \mathrm{RV}(1+2/d-\gamma)$. Der Variationsindex ist positiv, also folgt aus Proposition 3.2.7 für die verallgemeinerte Umkehrfunktion $h^-(r) = \inf\{s > 0 : h(s) \geq r\} \sim \mathrm{RV}(\frac{d}{2+d(1-\gamma)})$. Da K_H nach Voraussetzung stetig ist, ist h stetig, außerdem können wir wegen Lemma 3.2.6 davon ausgehen, dass h (asymptotisch) monoton ist. Folglich ist (für große r)

$$h^-(r) = \inf\{s > 0 : h(s) = r\} = \inf\left\{s > 0 : K_H(s) = \frac{s^{1+2/d}}{r}\right\}. \qquad (4.4)$$

Sei als Nächstes $g(t) = t^{2/d} \kappa(t)^{-1} \sim \mathrm{RV}(\frac{2}{d} - \beta)$. Wegen $\beta < 2/d$ folgt aus Lemma 3.2.5, dass $\lim_{t\to\infty} g(t) = \infty$ gilt, und Lemma 3.2.4(c) impliziert $h^- \circ g \sim \mathrm{RV}(\frac{2-d\beta}{2+d(1-\gamma)})$, insbesondere haben wir $\lim_{t\to\infty} h^- \circ g(t) = \infty$.

Wir definieren

$$\alpha_t = \left(\frac{t}{h^- \circ g(t)}\right)^{1/d} \qquad (4.5)$$

und zeigen, dass diese Funktion (2.7) für große t erfüllt. Nach Definition gilt $t/\alpha_t^d = h^- \circ g$ und mit (4.4) haben wir

$$K_H\left(\frac{t}{\alpha_t^d}\right) = K_H(h^- \circ g(t)) = \frac{(h^- \circ g(t))^{1+2/d}}{g(t)} = \frac{(t/\alpha_t^d)^{1+2/d}}{t^{2/d}/\kappa(t)} = \frac{t\kappa(t)}{\alpha_t^{2+d}}.$$

Damit ist die Existenz gezeigt.

(b) Aus der Darstellung (4.5) und Lemma 3.2.4(a),(b) folgt die reguläre Variation $\alpha_t \sim \mathrm{RV}(\frac{1-\gamma+\beta}{2+d(1-\gamma)})$. Wegen $\beta > \gamma - 1$ und $\gamma < 1+2/d$ ist der Variationsindex positiv, folglich (Lemma 3.2.5) gilt $\alpha_t \gg 1$.

4.3. PHASE 3: BEWEIS VON LEMMA 2.1.5 UND THEOREM 2.1.6

(c) Wie im Beweis von (a) gesehen, gilt $t/\alpha_t^d = h^- \circ g(t) \sim \mathrm{RV}(2\varepsilon)$ mit $2\varepsilon = \frac{2-d\beta}{2+d(1-\gamma)}$. Da $\beta < 2/d$ und $\gamma < 1 + 2/d$ ist, ist der Variationsindex positiv, also folgt aus Lemma 3.2.5, dass $t/\alpha_t^d = t^{2\varepsilon + o(1)}$ gilt. Insbesondere ist $t/\alpha_t^t \gg t^\varepsilon \to \infty$ für $t \to \infty$.

(d) Gemäß Lemma 3.2.4 ist $t\kappa(t)/\alpha_t^x$ regulär variierend mit Index $1 + \beta - \frac{1-\gamma+\beta}{2+d(1-\gamma)}x$, und das ist positiv genau dann, wenn $x < 2 + d + \frac{\gamma(2-d\beta)}{1+\beta-\gamma}$. Aufgrund der Voraussetzungen an β ist der Bruch positiv für $\gamma > 0$ und Null für $\gamma = 0$, also folgt die Behauptung.

4.3.2 Untere Schranke

Der Beweis der unteren Schranke von Theorem 2.1.6 folgt weitestgehend [HKM06, Abschnitt 3.3] und erweitert die Argumente auf alle $\gamma \in [0, 1 + 2/d)$.

Wir betrachten nur die Pfade der Irrfahrt, die auf einer Box um den Ursprung mit Radius von Größenordnung α_t bleiben, d.h. wir gehen von der Ungleichung (3.9) aus. Da L_t eine Treppenfunktion mit konstanten Werten auf Würfeln der Seitenlänge α_t ist, können wir die Summe als Integral schreiben:

$$\langle U(t) \rangle e^{-\alpha_t^d H(t\alpha_t^{-d})}$$
$$\geq \mathbb{E}\Big[\exp\Big(K_H(t\alpha_t^{-d}) \alpha_t^d \int_{Q_R} \frac{H(t\alpha_t^{-d} L_t(y)) - L_t(y) H(t\alpha_t^{-d})}{K_H(t\alpha_t^{-d})} \, dy \Big) \mathbb{1}_{\{\mathrm{supp}\, L_t \subseteq Q_R\}} \Big].$$

Man beachte, dass die exponentielle Skala wegen (2.7) als $K_H(t\alpha_t^{-d}) \alpha_t^d = t\kappa(t)/\alpha_t^2$ geschrieben werden kann. Da im stetigen Fall die $L_t(y), y \in Q_R$, noch keine kompakte Menge bilden müssen, schränken wir uns auf diejenigen $y \in Q_R$ ein, wo die Lokalzeiten durch ein $M > 1$ beschränkt sind. Aufgrund von Lemma 3.2.1(a) sind die Terme im Integral mit $L_t(y) > M$ nichtnegativ, sodass wir diesen Teil nach unten gegen Null abschätzen können. Auf den verbliebenen Teil im Integral können wir dann die Asymptotik (2.1) von H anwenden, wobei wir ausnutzen, dass nach Lemma 2.1.5(c) der Index $t\alpha_t^{-d}$ divergiert. Wir erhalten

$$\langle U(t) \rangle e^{-\alpha_t^d H(t\alpha_t^{-d})}$$
$$\geq \mathbb{E}\Big[\exp\Big(\frac{t\kappa(t)}{\alpha_t^2} \int_{Q_R} \frac{H(t\alpha_t^{-d} L_t(y)) - L_t(y) H(t\alpha_t^{-d})}{K_H(t\alpha_t^{-d})} \mathbb{1}_{\{L_t(y) \leq M\}} \, dy \Big) \mathbb{1}_{\{\mathrm{supp}\, L_t \subseteq Q_R\}} \Big]$$
$$= \mathbb{E}\Big[\exp\Big(\frac{t\kappa(t)}{\alpha_t^2} \int_{Q_R} \rho \hat{H}(L_t(y)) \mathbb{1}_{\{L_t(y) \leq M\}} \, dy \, (1 + o(1)) \Big) \mathbb{1}_{\{\mathrm{supp}\, L_t \subseteq Q_R\}} \Big].$$

Um den Indikator $\mathbb{1}_{\{L_t(y) \leq M\}}$ wieder loszuwerden, bedienen wir uns des Hölder-Tricks aus Lemma 3.2.3, d.h. wir schreiben

$$\langle U(t) \rangle e^{-\alpha_t^d H(t\alpha_t^{-d})} \geq \mathbb{E}\big[e^{\mathcal{H}_{M,t} + \mathcal{R}_{M,t}} \mathbb{1}_{\{\mathrm{supp}\, L_t \subseteq Q_R\}} \big] e^{o(t\kappa(t)/\alpha_t^2)}$$

mit

$$\mathcal{H}_{M,t} = \frac{t\kappa(t)}{\alpha_t^2} \int_{Q_R} \rho \hat{H}(L_t(y))\, dy,$$
$$\mathcal{R}_{M,t} = -\frac{t\kappa(t)}{\alpha_t^2} \int_{Q_R} \rho \hat{H}(L_t(y)) \mathbb{1}_{\{L_t(y) > M\}}\, dy.$$

Wir definieren $s_t = t\kappa(t)/\alpha_t^2$, $A_t = \{\operatorname{supp} L_t \subseteq Q_R\}$ und $\chi = \chi_\gamma^{c,0}(\rho, R)$ für $R > 0$, wobei $\chi_\gamma^{c,0}(\rho, R)$ die in (3.19) definierte Boxversion der Variationsformel $\chi_\gamma^c(\rho)$ ist. Dann ergibt eine Anwendung von Lemma 3.2.3(a)

$$\liminf_{M \to \infty} \liminf_{t \to \infty} \frac{\alpha_t^2}{t\kappa(t)} \log \left(\langle U(t) \rangle e^{-\alpha_t^d H(t\alpha_t^{-d})} \right) \geq -\chi_\gamma^{c,0}(\rho, R),$$

vorausgesetzt, die Annahmen (3.21) und (3.22) des Lemmas sind erfüllt. Das werden wir im Folgenden zeigen. Zunächst erläutern wir kurz, dass $\limsup_{R \to \infty} \chi_\gamma^{c,0}(\rho, R) \leq \chi_\gamma^c(\rho)$ gilt und daher mit dem Beweis von (3.21) und (3.22) die untere Schranke gezeigt ist.

Im Fall $\gamma = 0$ werden wir sehen, dass $\chi_0^c(\rho) = \chi_0^{c,0}(\rho, R^*)$ für ein endliches $R^* > 0$ erfüllt ist. Sei also $\gamma > 0$. Wir erinnern an Lemma 3.4.5 und setzen $G_1 = -\rho \hat{H} \mathbb{1}_{\{\hat{H} \leq 0\}}$, $G_2 = -\rho \hat{H} \mathbb{1}_{\{\hat{H} > 0\}}$. Dann ist G_1 monoton wachsend und G_2 monoton fallend. Außerdem ist $\hat{H}$ eine konvexe Funktion mit $\hat{H}(0) = 0$, folglich ist G_1 konkav mit $G_1(0) = 0$. Wir sind also genau in der Situation von Lemma 3.4.5 und die gewünschte Behauptung folgt.

Beweis von (3.22) für $\gamma > 0$. Wir beginnen mit der Betrachtung des Hauptterms $\mathcal{H}_{M,t}$. Man beachte, dass dieser nicht von M abhängt. Unser Ziel ist die Asymptotik

$$\liminf_{\eta \downarrow 0} \liminf_{t \to \infty} \frac{\alpha_t^2}{t\kappa(t)} \log \mathbb{E}\left[e^{(1-\eta)\frac{t\kappa(t)}{\alpha_t^2} \int_{Q_R} \rho \hat{H}(L_t(y))\, dy} \mathbb{1}_{\{\operatorname{supp} L_t \subseteq Q_R\}} \right] \geq -\chi_\gamma^{c,0}(\rho, R) \quad (4.6)$$

für alle $R > 0$. Für den Beweis werden wir das in Proposition 3.1.2 angegebene Prinzip großer Abweichungen für die Lokalzeiten verwenden. Wie im Anschluss an diese Proposition gezeigt, sind in dem hier betrachteten Fall alle asymptotischen Voraussetzungen an $\kappa(t)$ bzw. α_t für dieses PGA erfüllt. In Abschnitt 3.2.1 haben wir bewiesen, dass die Funktion $f \mapsto \int_{Q_R} \hat{H}(f(y))\, dy$ unterhalbstetig ist. Somit können wir die untere Schranke von Varadhans Lemma (siehe z.B. [DZ98, Lemma 4.3.4]) auf den Erwartungswert auf der linken Seite von (4.6) anwenden. Wir erhalten für

4.3. PHASE 3: BEWEIS VON LEMMA 2.1.5 UND THEOREM 2.1.6

jedes $\eta \in (0,1)$

$$\liminf_{t\to\infty} \frac{\alpha_t^2}{t\kappa(t)} \log \mathbb{E}\big[e^{(1-\eta)\frac{t\kappa(t)}{\alpha_t^2}\int_{Q_R}\rho\hat{H}(L_t(y))\,dy} \mathbb{1}_{\{\text{supp}\,L_t\subseteq Q_R\}}\big]$$

$$\geq - \inf_{\substack{g\in H^1(\mathbb{R}^d)\\ \text{supp}\,g\subseteq Q_R\\ \|g\|_2=1}} \Big\{\int_{Q_R}|\nabla g(x)|^2\,dx - \rho(1-\eta)\int_{\mathbb{R}^d}\hat{H}(g(x)^2)\,dx\Big\} = -\chi_\gamma^{c,0}(\rho(1-\eta),R).$$

Nun zum Grenzübergang $\eta \downarrow 0$: Seien $\varepsilon > 0$ und $g \in H^1(\mathbb{R}^d)$ mit Träger in Q_R und $\|g\|_2 = 1$ so, dass $\int_{Q_R}|\nabla g|^2 - \rho \int_{Q_R}\hat{H}\circ g^2 \leq \chi_\gamma^{c,0}(\rho,R) + \varepsilon$. Dann haben wir

$$\limsup_{\eta\downarrow 0} \chi_\gamma^{c,0}(\rho(1-\eta),R) \leq \liminf_{\eta\downarrow 0}\Big(\int_{Q_R}|\nabla g|^2 - \rho(1-\eta)\int_{Q_R}\hat{H}\circ g^2\Big)$$

$$= \int_{Q_R}|\nabla g|^2 - \rho\int_{Q_R}\hat{H}\circ g^2 \leq \chi_\gamma^{c,0}(\rho,R) + \varepsilon.$$

Jetzt lassen wir jetzt ε gegen Null gehen und (4.6) ist gezeigt.

Beweis von (3.22) **für** $\gamma = 0$. Das Problem

$$\hat{\chi}_0^c(\rho) := \chi_0^c(\rho) + \rho = \inf_{\substack{g\in H^1(\mathbb{R}^d)\\ \|g\|_2=1}}\Big\{\int_{\mathbb{R}^d}|\nabla g|^2 + \rho|\text{supp}\,g|\Big\}$$

ist bereits genau untersucht worden, siehe zum Beispiel [DV75, Lemma 3.9 und 3.13] und [S98, Theorem 5.3]. Bezeichne $\lambda(G)$ den Haupteigenwert von $-\Delta$ in der Menge $G \subseteq \mathbb{R}^d$ mit Nullrandbedingungen und ω_d das Volumen der Einheitskugel Q_1. Dann ist der Minimierer von $\hat{\chi}_0^c(\rho)$ eindeutig gegeben durch die L^2-normierte Eigenfunktion g^* zum Eigenwert $\lambda(Q_{R^*})$ mit

$$R^* = \Big(\frac{2\lambda(Q_1)}{\rho d \omega_d}\Big)^{1/(d+2)}. \tag{4.7}$$

Insbesondere ist $\text{supp}\,g^* = Q_{R^*}$, daher gilt $\chi_0^c(\rho) = \chi_0^{c,0}(\rho,R^*)$, weiter ist

$$\int_{Q_{R^*}}|\nabla g^*|^2 = \lambda(Q_{R^*}) = \inf_{\substack{g\in H^1(\mathbb{R}^d)\\ \text{supp}\,g\subseteq Q_{R^*}}}\int_{\mathbb{R}^d}|\nabla g|^2.$$

Betrachten wir jetzt den Erwartungswert auf der linken Seite von (4.6). Für große R können wir ihn nach unten abschätzen, indem wir im Indikator das Ereignis $\{\text{supp}\,L_t \subseteq Q_R\}$ durch $\{\text{supp}\,L_t \subseteq Q_{R^*}\}$ ersetzen. Dann steht im Exponenten

$$\int_{Q_R}\rho\hat{H}(L_t(y)) = -\rho(|\text{supp}\,L_t| - 1) \geq -\rho(|Q_{R^*}| - 1) = -\rho(|\text{supp}\,g^*| - 1)$$

und wir erhalten
$$\mathbb{E}\big[e^{(1-\eta)\frac{t\kappa(t)}{\alpha_t^2}\int_{Q_R}\rho\hat{H}(L_t(y))\,dy}\mathbb{1}_{\{\text{supp }L_t\subseteq Q_R\}}\big] \geq e^{-\rho(1-\eta)\frac{t\kappa(t)}{\alpha_t^2}(|\text{supp }g^*|-1)}\mathbb{P}(\text{supp }L_t \subseteq Q_{R^*}).$$

Aufgrund des PGA in Proposition 3.1.2 gilt
$$\liminf_{t\to\infty}\frac{\alpha_t^2}{t\kappa(t)}\log\mathbb{P}(\text{supp }L_t \subseteq Q_{R^*}) \geq -\inf_{\substack{g\in H^1(\mathbb{R}^d)\\ \text{supp }g\subseteq Q_{R^*}}}\int_{\mathbb{R}^d}|\nabla g|^2 = -\int_{Q_{R^*}}|\nabla g^*|^2.$$

Es folgt
$$\liminf_{\eta\downarrow 0}\liminf_{t\to\infty}\frac{\alpha_t^2}{t\kappa(t)}\log\mathbb{E}\big[e^{(1-\eta)\frac{t\kappa(t)}{\alpha_t^2}\int_{Q_R}\rho\hat{H}(L_t(y))\,dy}\mathbb{1}_{\{\text{supp }L_t\subseteq Q_R\}}\big]$$
$$\geq -\limsup_{\eta\downarrow 0}\Big(\int_{Q_{R^*}}|\nabla g^*|^2 + \rho(1-\eta)(|\text{supp }g^*|-1)\Big)$$
$$= -\Big(\int_{Q_{R^*}}|\nabla g^*|^2 + \rho|\text{supp }g^*|\Big) + \rho$$
$$= -\hat{\chi}_0^c(\rho) + \rho = -\chi_0^c(\rho),$$

da g^* der Minimierer ist. Damit ist (4.6) für $\gamma = 0$ gezeigt.

Beweis von (3.21). Zu zeigen ist für alle $\omega \in \mathbb{R}$
$$\limsup_{M\to\infty}\limsup_{t\to\infty}\frac{\alpha_t^2}{t\kappa(t)}\log\mathbb{E}\big[e^{-\omega\frac{t\kappa(t)}{\alpha_t^2}\int_{Q_R}\rho\hat{H}(L_t(y))\mathbb{1}_{\{L_t(y)>M\}}\,dy}\mathbb{1}_{\{\text{supp }L_t\subseteq Q_R\}}\big] \leq 0. \quad (4.8)$$

Für $\omega \geq 0$ ist das klar, denn für $f > M > 1$ ist $\hat{H}\circ f > 0$. Sei also $\omega < 0$. Wir unterscheiden zwischen $\gamma \leq 1$ und $\gamma > 1$.

Sei $\gamma \leq 1$. Aufgrund der Monotonie der Funktion $\hat{H}$ in γ können wir die linke Seite von (4.8) für $\gamma < 1$ als Erstes gegen den entsprechenden Ausdruck für den Fall $\gamma = 1$ abschätzen. Nun verfahren wir genauso wie [HKM06, Seite 339], um für jedes $\delta > 0$ zu erhalten, dass
$$\int_{Q_R}\hat{H}(L_t(y))\mathbb{1}_{\{L_t(y)>M\}}dy \leq \frac{2}{\delta}M^{-\frac{\delta}{2(1+\delta)}}\|L_t\|_{1+\delta}.$$

Wir setzen $q = 1+\delta$, wobei wir $\delta > 0$ so wählen, dass $q(d-2) < d$ gilt. Mit $\theta = -(2\omega\rho/\delta)M^{-\frac{\delta}{2(1+\delta)}} \downarrow 0$ für $M \to \infty$ ergibt dann Proposition 3.3.5 die Behauptung.

Sei nun $\gamma > 1$, dann ist
$$\int_{Q_R}\rho\hat{H}(L_t(y))\mathbb{1}_{\{L_t(y)>M\}}\,dy = \frac{\rho}{\gamma-1}\int_{Q_R}(L_t(y)^\gamma - L_t(y))\mathbb{1}_{\{L_t(y)>M\}}\,dy$$
$$\leq \frac{\rho}{\gamma-1}\int_{Q_R}L_t(y)^\gamma\mathbb{1}_{\{L_t(y)>M\}}\,dy.$$

4.3. PHASE 3: BEWEIS VON LEMMA 2.1.5 UND THEOREM 2.1.6

Wir behaupten: Für jede Wahrscheinlichkeitsdichte f auf Q_R und jedes $q > 1$ mit $(2-\gamma)q > 1$ gilt

$$\int_{Q_R} f(y)^\gamma \mathbb{1}_{\{f(y)>M\}} \, dy \leq M^{-\frac{(2-\gamma)q-1}{q}} \|f\|_q. \tag{4.9}$$

Das zeigen wir mittels einer Jensen-Abschätzung für die Funktion $x \mapsto x^{1/q}$ sowie der Ungleichung $\mathbb{1}_{\{f(y)>M\}} \leq M^{-\varepsilon} f^\varepsilon$ für $\varepsilon := (2-\gamma)q - 1 > 0$:

$$\int_{Q_R} f(y)^\gamma \mathbb{1}_{\{f(y)>M\}} \, dy = \int_{Q_R} f(y) [f(y)^{\gamma-1} \mathbb{1}_{\{f(y)>M\}}]^{q \cdot \frac{1}{q}} \, dy$$

$$\leq \Big(\int_{Q_R} f(y)^{1+(\gamma-1)q} \mathbb{1}_{\{f(y)>M\}} \, dy\Big)^{\frac{1}{q}}$$

$$\leq M^{-\frac{\varepsilon}{q}} \Big(\int_{Q_R} f(y)^{1+(\gamma-1)q+\varepsilon} \, dy\Big)^{\frac{1}{q}} = M^{-\frac{(2-\gamma)q-1}{q}} \|f\|_q.$$

Da wir $\gamma < 2$ vorausgesetzt haben, können wir diese Ungleichung anwenden, und zwar auf $f = L_t$ und ein $q > 1 \vee \frac{1}{2-\gamma}$ mit $(d-2)q < d$. Wegen $\gamma < 1 + 2/d$ ist das möglich. Mit $\theta = -\frac{\omega\rho}{\gamma-1} M^{-\frac{(2-\gamma)q-1}{q}}$ erhalten wir daher

$$-\omega \int_{Q_R} \rho \hat{H}(L_t(y)) \mathbb{1}_{\{L_t(y)>M\}} \, dy \leq \theta \|L_t\|_q$$

und können wieder Proposition 3.3.5 anwenden, um (4.8) zu zeigen.

Damit ist die untere Schranke von Theorem 2.1.6 vollständig bewiesen.

4.3.3 Obere Schranke

Beim Beweis der oberen Schranke von Theorem 2.1.6 ist der Prozess der Kompaktifizierung sehr komplex und beruht nicht auf der reinen Abschätzung des Erwartungswertes $\langle U(t) \rangle$, sondern es wird zunächst direkt mit den Potentialwerten gearbeitet. Das Hauptwerkzeug ist eine Eigenwertabschätzung, die wir in Proposition 3.3.3 verlagert haben. Vorher müssen allerdings die höchsten Werte des Potentials abgezogen werden – dieser Term wird am Ende dem führenden Term $\alpha_t^{-d} H(t\alpha_t^{-d})$ in der exponentiellen Asymptotik von $\langle U(t) \rangle$ entsprechen. Bei den nach oben beschränkten Potentialen ist dieser Term von derselben Größenordnung wie der Rest, sodass sich ohne diesen Schritt lediglich eine zusätzliche Konstante in dem entstehenden Variationsproblem ergäbe (in Konsistenz mit den Ergebnissen von [BK01]).

Wir definieren

$$\xi^t(z) = \xi(z) - \frac{\alpha_t^d}{t} H\Big(\frac{t}{\alpha_t^d}\Big) \quad \text{und} \quad U^t(t) = \mathbb{E}\big[e^{\int_0^t \xi^t(X_s) ds}\big].$$

Dann gilt
$$U(t) = e^{\alpha_t^d H(t\alpha_t^{-d})} U^t(t)$$
und zu zeigen ist
$$\limsup_{t\to\infty} \frac{\alpha_t^2}{t\kappa(t)} \log\langle U^t(t)\rangle \leq -\chi_\gamma^c(\rho).$$

Die zwei Hauptschritte hierfür werden die folgenden beiden Propositionen sein. Im ersten Schritt wird mittels besagter Eigenwertabschätzung und einigen weiteren Hilfsmitteln kompaktifiziert. Für festes $R \in \mathbb{N}$ sei

$$U_R^t(t) = \mathbb{E}\left[e^{\int_0^t \xi^t(X_s)ds} \mathbb{1}_{\{\operatorname{supp}\ell_t \subseteq B_R\}}\right].$$

Proposition 4.3.1. *Es gibt eine Konstante $C > 0$ so, dass für alle $R > 0$ und für $t \to \infty$*

$$\frac{\alpha_t^2}{t\kappa(t)} \log\langle U^t(t)\rangle \leq \frac{C}{R^2} + \frac{\alpha_t^2}{t\kappa(t)} \log\langle U_{\lfloor 4R\alpha_t\rfloor}^t(t)\rangle + o(1). \tag{4.10}$$

Im zweiten Schritt führen wir für festes $R > 0$ den Grenzübergang $t \to \infty$ durch.

Proposition 4.3.2. *Für jedes $R > 0$ gilt*

$$\limsup_{t\to\infty} \frac{\alpha_t^2}{t\kappa(t)} \log\langle U_{\lfloor R\alpha_t\rfloor}^t(t)\rangle \leq -\chi_\gamma^c(\rho). \tag{4.11}$$

Damit folgt für $R \to \infty$ die obere Schranke von Theorem 2.1.6.

Beweis von Proposition 4.3.1. Der Beweis folgt [HKM06, Abschnitt 3.1].

In Vorbereitung der eigentlichen Kompaktifizierung müssen wir erst vorkompaktifizieren, d.h. wir schreiben

$$U^t(t) = U_{r(t)}^t(t) + \mathbb{E}\left[e^{\int_0^t \xi^t(X_s)ds} \mathbb{1}_{\{\operatorname{supp}\ell_t \not\subseteq B_{r(t)}\}}\right] \tag{4.12}$$

mit einer geeigneten Skalierungsfunktion $r\colon [0,\infty) \to \mathbb{N}$. Genauer: Wir stellen an $r(t)$ die folgenden zwei asymptotischen Bedingungen für $t \to \infty$:

$$r(t) \gg t\kappa(t) \tag{4.13}$$

$$\text{und}\quad \log r(t) \ll \frac{t\kappa(t)}{\alpha_t^2}. \tag{4.14}$$

Solch eine Funktion $r(t)$ existiert, denn $\log(t\kappa(t))$ ist von höchstens logarithmischer Größenordnung (da $\kappa(t)$ regulär variiert), während $t\kappa(t)/\alpha_t^2$ aufgrund von Lemma 2.1.5(d) wie eine positive Potenz von t läuft. Zum Beispiel könnte man $r(t) = \lfloor t\kappa(t)\log(t\kappa(t))\rfloor$ wählen.

4.3. PHASE 3: BEWEIS VON LEMMA 2.1.5 UND THEOREM 2.1.6

Unser Beweis wird aus zwei Teilen bestehen. Im ersten Teil betrachten wir den ersten Summanden von (4.12) und kompaktifizieren weiter auf eine Box mit Radius $\lfloor R\alpha_t \rfloor$. Im zweiten Teil nehmen wir uns den zweiten Summanden vor und zeigen, dass er auf der exponentiellen Skala $t\kappa(t)/\alpha_t^2$ keinen Beitrag liefert.

Zu Teil I. Wegen Bedingung (4.13) können wir Proposition 3.3.3 verwenden, und zwar mit $\lfloor R\alpha_t \rfloor$ anstelle von R. Dann haben wir noch den dort auftretenden Ausdruck

$$E(t) := \exp\left(t \max_{z \in B_{r(t)+\lfloor 2R\alpha_t \rfloor}} \lambda^t_{z,\lfloor 2R\alpha_t \rfloor}\right)$$

zu behandeln, wobei $\lambda^t_{z,\lfloor 2R\alpha_t \rfloor}$ die Haupteigenwerte von $\kappa(t)\Delta + \xi^t$ auf den Boxen um z mit Radius $\lfloor 2R\alpha_t \rfloor$ sind. Um hieraus den Erwartungswert $\langle U^t_{\lfloor 4R\alpha_t \rfloor}(t)\rangle$ herzuleiten, verwenden wir eine Eigenwertentwicklung, auf die wir nicht im Detail eingehen wollen, sondern auf die Rechnungen in [HKM06, Seiten 332–333] verweisen. Aus diesen ergibt sich

$$\langle E(t)\rangle = e^{o(t\kappa(t)/\alpha_t^2)} \langle U^t_{\lfloor 4R\alpha_t \rfloor}(t)\rangle$$

für $t \to \infty$. Dies eingesetzt in die Aussage von Proposition 3.3.3, erhalten wir die Ungleichung

$$\langle U^t_{r(t)}(t)\rangle \le (3r(t))^d \exp\left(\frac{t\kappa(t)}{\alpha_t^2}\frac{C}{R^2}(1+o(1))\right)\langle U^t_{\lfloor 4R\alpha_t \rfloor}(t)\rangle.$$

Wegen Bedingung (4.14) haben wir $r(t) = e^{o(t\kappa(t)/\alpha_t^2)}$, sodass das gewünschte Ergebnis

$$\frac{\alpha_t^2}{t\kappa(t)}\log\langle U^t_{r(t)}(t)\rangle \le \frac{C}{R^2} + \frac{\alpha_t^2}{t\kappa(t)}\log\langle U^t_{\lfloor 4R\alpha_t \rfloor}(t)\rangle + o(1) \qquad (4.15)$$

folgt.

Zu Teil II. Der zweite Summand von (4.12) wird zunächst mit Cauchy–Schwarz folgendermaßen abgeschätzt:

$$\mathbb{E}\left[e^{\int_0^t \xi^t(X_s)ds}\mathbb{1}_{\{\text{supp}\,\ell_t \not\subseteq B_{r(t)}\}}\right] \le \mathbb{E}\left[e^{2\int_0^t \xi^t(X_s)ds}\right]^{1/2}\mathbb{P}(\text{supp}\,\ell_t \not\subseteq B_{r(t)})^{1/2}. \qquad (4.16)$$

Für den zweiten Faktor von (4.16) können wir Lemma 3.3.1 anwenden, denn es ist $\{\text{supp}\,\ell_t \not\subseteq B_{r(t)}\} = \{\tau(r(t)) \le t\}$, wobei $\tau(r(t))$ die Verlassenszeit von $B_{r(t)}$ ist. Es folgt

$$\mathbb{P}(\text{supp}\,\ell_t \not\subseteq B_{r(t)})^{1/2} \le 2^{(d+1)/2}\exp\left(-\frac{r(t)}{2}\left(\log\frac{r(t)}{dt\kappa(t)} - 1\right)\right).$$

Aufgrund von Bedingung (4.13) gibt es ein $C_1 > 0$ so, dass $\log\frac{r(t)}{dt\kappa(t)} - 1 > C_1$ für große t gilt, also

$$\frac{\alpha_t^2}{t\kappa(t)}\log\mathbb{P}(\text{supp}\,\ell_t \not\subseteq B_{r(t)})^{1/2} \le \frac{\alpha_t^2}{t\kappa(t)}\log 2^{(d+1)/2} - \frac{C_1}{2}\frac{r(t)}{t\kappa(t)}\alpha_t^2.$$

Noch einmal Bedingung (4.13), zusammen mit $\alpha_t^2 \ll t\kappa(t)$, sagt uns, dass wir eine Konstante $C_2 > 0$ so finden, dass

$$\frac{\alpha_t^2}{t\kappa(t)} \log \mathbb{P}(\operatorname{supp} \ell_t \not\subseteq B_{r(t)})^{1/2} \leq -C_2 \alpha_t^2 \qquad (4.17)$$

für alle hinreichend großen t gilt. Insbesondere divergiert dieser Term gegen $-\infty$.

Betrachten wir nun den ersten Faktor auf der rechten Seiten von (4.16). Wir nehmen den Erwartungswert bezüglich des Potentials und erhalten mit Jensen, der Definition von ξ^t sowie der Definition der Lokalzeiten ℓ_t

$$\langle \mathbb{E}\big[e^{2\int_0^t \xi^t(X_s)ds}\big]^{1/2}\rangle \leq \langle \mathbb{E}\big[e^{2\int_0^t \xi^t(X_s)ds}\big]\rangle^{1/2} = \langle \mathbb{E}\big[e^{2\int_0^t \xi(X_s)ds - 2\alpha_t^d H(t\alpha_t^{-d})}\big]\rangle^{1/2}$$
$$= e^{-\alpha_t^d H(t\alpha_t^{-d})} \langle \mathbb{E}\big[\exp\Big(\sum_{z\in\mathbb{Z}^d} 2t\xi(z)\frac{\ell_t(z)}{t}\Big)\big]\rangle^{1/2}.$$

Für das Wahrscheinlichkeitsmaß $\frac{\ell_t}{t}$ auf $\mathbb{Z}^d$ können wir die Jensensche Ungleichung anwenden:

$$\exp\Big(\sum_{z\in\mathbb{Z}^d} 2t\xi(z)\frac{\ell_t(z)}{t}\Big) \leq \sum_{z\in\mathbb{Z}^d} \exp\big(2t\xi(z)\big)\frac{\ell_t(z)}{t}.$$

Da die $\xi(z)$ identisch verteilt mit Kumulantenerzeugender H sind, gilt

$$\Big\langle \sum_{z\in\mathbb{Z}^d} \exp\big(2t\xi(z)\big)\frac{\ell_t(z)}{t} \Big\rangle = \sum_{z\in\mathbb{Z}^d} \frac{\ell_t(z)}{t} \langle e^{2t\xi(0)}\rangle = e^{H(2t)}.$$

Zusammenfassend ergibt sich also

$$\langle \mathbb{E}\big[e^{2\int_0^t \xi^t(X_s)ds}\big]^{1/2}\rangle \leq \exp\Big(\frac{H(2t)}{2} - \alpha_t^d H\Big(\frac{t}{\alpha_t^d}\Big)\Big) = \exp\Big(\frac{H\big(2\alpha_t^d \frac{t}{\alpha_t^d}\big) - 2\alpha_t^d H\big(\frac{t}{\alpha_t^d}\big)}{2}\Big).$$

Es sei $0 \vee (1-\gamma) < \delta < \frac{2+d(1-\gamma)}{d}$ fest (man beachte $\gamma < 1 + 2/d$). Gemäß Proposition 3.2.8 (mit $y = 2\alpha_t^d$ und t/α_t^d anstelle von t) gibt es ein $A > 0$ so, dass für alle großen t

$$H\Big(2\alpha_t^d \frac{t}{\alpha_t^d}\Big) - 2\alpha_t^d H\Big(\frac{t}{\alpha_t^d}\Big) \leq AK_H\Big(\frac{t}{\alpha_t^d}\Big)\alpha_t^{d(\gamma+\delta)}$$

gilt. Mit (2.7) folgt

$$H\Big(2\alpha_t^d \frac{t}{\alpha_t^d}\Big) - 2\alpha_t^d H\Big(\frac{t}{\alpha_t^d}\Big) \leq A\frac{t\kappa(t)}{\alpha_t^2}\alpha_t^{-d(1-\gamma-\delta)}.$$

Damit haben wir

$$\frac{\alpha_t^2}{t\kappa(t)} \log \langle \mathbb{E}\big[e^{2\int_0^t \xi^t(X_s)ds}\big]^{1/2}\rangle \leq \frac{A}{2}\alpha_t^{-d(1-\gamma-\delta)}. \qquad (4.18)$$

4.3. PHASE 3: BEWEIS VON LEMMA 2.1.5 UND THEOREM 2.1.6

Vergleichen wir nun die Abschätzungen (4.17) und (4.18): Der α_t-Exponent in (4.17) ist 2 und der in (4.18) ist $-d(1-\gamma-\delta) < 2$ nach Definition von δ. Also gilt, wenn wir beide Ungleichungen in (4.16) einsetzen und t gegen Unendlich schicken,

$$\limsup_{t\to\infty} \frac{\alpha_t^2}{t\kappa(t)} \log \Big\langle \mathbb{E}\big[e^{\int_0^t \xi^t(X_s)\mathrm{d}s} \mathbb{1}_{\{\mathrm{supp}\,\ell_t \not\subseteq B_{r(t)}\}}\big]\Big\rangle = -\infty. \qquad (4.19)$$

Einsetzen von (4.15) und (4.19) in (4.12) beendet den Beweis von Proposition 4.3.1.

Beweis von Proposition 4.3.2. Der Beweis folgt [HKM06, Abschnitte 3.2 und 5].
Aus technischen Gründen bleiben wir zunächst auf dem $\mathbb{Z}^d$ und lassen erst am Ende die entstehende diskrete Variationsformel gegen die stetige konvergieren. Wegen $\alpha_t \to \infty$ können wir im Folgenden $R\alpha_t \in \mathbb{N}$ annehmen und daher $\lfloor R\alpha_t \rfloor = R\alpha_t$ schreiben. Unser Ausgangspunkt ist Formel (3.6), allerdings für $U_{R\alpha_t}^t(t)$ statt $U(t)$, was erstens dazu führt, dass wir zusätzlich den Indikator $\mathbb{1}_{\{\mathrm{supp}\,\ell_t \subseteq B_{R\alpha_t}\}}$ haben, und zweitens fehlt der Vorfaktor $e^{\alpha_t^d H(t\alpha_t^{-d})}$, da wir das Potential schon abgeschnitten haben:

$$\langle U_{R\alpha_t}^t(t)\rangle = \mathbb{E}\Big[\exp\Big(\sum_{z\in B_{R\alpha_t}} \big[H(\ell_t(z)) - \frac{\alpha_t^d}{t}\ell_t(z)H(t\alpha_t^{-d})\big]\Big) \mathbb{1}_{\{\mathrm{supp}\,\ell_t \subseteq B_{R\alpha_t}\}}\Big].$$

Wie im Beweis der unteren Schranke müssen wir die Lokalzeiten gleichmäßig beschränken, um unsere Asymptotik (2.1) verwenden zu können. Diesmal benutzen wir den Hölder-Trick, um den „guten" Teil vom Restterm zu trennen. Wir schreiben daher

$$\langle U_{R\alpha_t}^t(t)\rangle = \mathbb{E}\big[e^{\mathcal{H}_{M,t}+\mathcal{R}_{M,t}} \mathbb{1}_{\{\mathrm{supp}\,\ell_t \subseteq B_{R\alpha_t}\}}\big]$$

für $M > 1$ mit

$$\mathcal{H}_{M,t} = \sum_{z\in B_{R\alpha_t}} \mathbb{1}_{\{\ell_t(z)\leq Mt\alpha_t^{-d}\}}\big[H(\ell_t(z)) - \frac{\alpha_t^d}{t}\ell_t(z)H(t\alpha_t^{-d})\big],$$

$$\mathcal{R}_{M,t} = \sum_{z\in B_{R\alpha_t}} \mathbb{1}_{\{\ell_t(z)>Mt\alpha_t^{-d}\}}\big[H(\ell_t(z)) - \frac{\alpha_t^d}{t}\ell_t(z)H(t\alpha_t^{-d})\big],$$

und müssen die Voraussetzungen (3.21) und (3.23) von Lemma 3.2.3(b) mit $s_t = t\kappa(t)/\alpha_t^2$, $A_t = \{\mathrm{supp}\,\ell_t \subseteq B_{R\alpha_t}\}$ und $\chi = \chi_\gamma^c(\rho)$ nachweisen, dann folgt

$$\limsup_{M\to\infty}\limsup_{t\to\infty} \frac{\alpha_t^2}{t\kappa(t)} \log\langle U_{R\alpha_t}^t(t)\rangle \leq -\chi_\gamma^c(\rho),$$

was die Proposition beweist.

90 KAPITEL 4. BEWEIS DER ASYMPTOTISCHEN RESULTATE

Beweis von (3.23). Zu zeigen ist

$$\limsup_{\eta\downarrow 0}\limsup_{M\to\infty}\limsup_{t\to\infty}\frac{\alpha_t^2}{t\kappa(t)}\log\mathbb{E}\big[\mathrm{e}^{(1+\eta)\mathcal{H}_{M,t}}\mathbb{1}_{\{\mathrm{supp}\,\ell_t\subseteq B_{R\alpha_t}\}}\big]\leq -\chi_\gamma^c(\rho). \qquad (4.20)$$

Die Menge der $\alpha_t^d \ell_t(z)/t$ innerhalb der Summe in $\mathcal{H}_{M,t}$ ist gleichmäßig durch M beschränkt, daher können wir nun die Asymptotik (2.1) der Kumulantenerzeugenden einsetzen. Als Vorfaktor erhalten wir $K_H(t\alpha_t^{-d}) = t\kappa(t)/\alpha_t^{d+2}$:

$$\mathcal{H}_{M,t} = \frac{t\kappa(t)}{\alpha_t^{d+2}}\sum_{z\in B_{R\alpha_t}}\mathbb{1}_{\{\ell_t(z)\leq Mt\alpha_t^{-d}\}}\rho\hat{H}\Big(\frac{\alpha_t^d}{t}\ell_t(z)\Big)(1+o(1)).$$

Jetzt brauchen wir den Indikator auf die Menge $\{\ell_t(z) \leq Mt/\alpha_t^d\}$ nicht mehr und betrachten als obere Abschätzung die Summe über alle $z \in B_{R\alpha_t}$. Hierzu beachten wir, dass für $M > 1$ auf der Menge $\{\ell_t(z) > Mt/\alpha_t^d\}$ alle Summanden positiv sind, wie man der Definition (2.2) von $\hat{H}$ ansieht.

Als Nächstes definieren wir

$$G_t(p) = \alpha_t^{-(d+2)}\sum_{z\in B_{R\alpha_t}}\hat{H}(\alpha_t^d p(z))$$

für $p \in \mathcal{M}_1(\mathbb{Z}^d)$ mit $\mathrm{supp}\, p \subseteq B_{R\alpha_t}$. Damit schreiben wir

$$\mathcal{H}_{M,t} \leq t\kappa(t)\rho\, G_t\Big(\frac{\ell_t}{t}\Big)$$

und setzen dies in die linke Seite von (4.20) ein. Dann folgt aus Proposition 3.3.4 mit $R\alpha_t$ anstelle von R, dass

$$\mathbb{E}\big[\mathrm{e}^{(1+\eta)\mathcal{H}_{M,t}}\mathbb{1}_{\{\mathrm{supp}\,\ell_t\subseteq B_{R\alpha_t}\}}\big] \leq (2dt\kappa(t))^{|B_{R\alpha_t}|}|B_{R\alpha_t}|\exp(E_t) \qquad (4.21)$$

mit

$$E_t := t\kappa(t)\sup_{\substack{p\in\mathcal{M}_1(\mathbb{Z}^d)\\ \mathrm{supp}\,p\subseteq B_{R\alpha_t}}}\big\{(1+\eta)\rho\, G_t(p) - S^{0,R\alpha_t}(p)\big\} \qquad (4.22)$$

für jedes $\eta > 0$. In der Asymptotik $t \to \infty$ (und folglich $\alpha_t \to \infty$) kann der Vorfaktor auf der rechten Seite von (4.21) zu $\mathrm{e}^{O(\alpha_t^d \log(t\kappa(t)))}$ zusammengefasst werden. Die exponentielle Skala hiervon ist kleiner als $t\kappa(t)/\alpha_t^2$: Wegen (2.7) ist $\frac{\alpha_t^{d+2}}{t\kappa(t)}\log(t\kappa(t)) = K_H(t/\alpha_t^d)^{-1}\log(t\kappa(t))$. Da gemäß Lemma 2.1.5(c) der Term t/α_t^d mindestens wie eine Potenz t^ε mit $\varepsilon > 0$ läuft und nach Voraussetzung $\kappa(t) \ll t^{2/d}$ ist, können wir dank unserer Zusatzannahme $K_H(t) \gg \log t$ schlussfolgern, dass $K_H(t/\alpha_t^d) \gg \log t^\varepsilon \asymp \log(t\kappa(t))$ gilt. Also haben wir

$$(2dt\kappa(t))^{|B_{R\alpha_t}|}|B_{R\alpha_t}| = \mathrm{e}^{O(\alpha_t^d\log(t\kappa(t)))} = \mathrm{e}^{o(t\kappa(t)/\alpha_t^2)},\quad t\to\infty. \qquad (4.23)$$

4.3. PHASE 3: BEWEIS VON LEMMA 2.1.5 UND THEOREM 2.1.6

Unser Ziel ist nun, das diskrete Variationsproblem in (4.21) nach geeigneter Umformung gegen die gewünschte stetige Variationsformel konvergieren zu lassen. Dafür werden uns Proposition 2.1.10 bzw. Proposition 3.4.7 helfen. Wegen der unterschiedlichen Gestalt der Funktion $\hat{H}$ in (2.2) unterscheiden wir die Fälle $\gamma = 1$ und $\gamma \neq 1$.

Sei als Erstes $\gamma = 1$. Dann haben wir für alle $z \in \mathbb{Z}^d$

$$\hat{H}(\alpha_t^d p(z)) = \alpha_t^d p(z) \log(\alpha_t^d p(z)) = \alpha_t^d \hat{H}(p(z)) + p(z)\alpha_t^d \log \alpha_t^d,$$

also

$$G_t(p) = -\frac{1}{\alpha_t^2} J_1^{R\alpha_t}(p) + \frac{\log \alpha_t^d}{\alpha_t^2}$$

für jedes Wahrscheinlichkeitsmaß p auf $B_{R\alpha_t}$. Die Funktion $J_\gamma^{R\alpha_t}(p) = -\sum_{B_{R\alpha_t}} \hat{H} \circ p$ hatten wir in (3.16) definiert und es war $\chi_\gamma^{d,0}(\rho, R\alpha_t) = \inf\{S^{0,R\alpha_t}(p) + \rho J_\gamma^{R\alpha_t}(p) : p \in \mathcal{M}_1(\mathbb{Z}^d), \operatorname{supp} p \subseteq B_{R\alpha_t}\}$. Also folgt für den Exponenten (4.22)

$$E_t = t\kappa(t)\left(-\chi_1^{d,0}\left(\frac{(1+\eta)\rho}{\alpha_t^2}, R\alpha_t\right) + (1+\eta)\rho\frac{\log \alpha_t^d}{\alpha_t^2}\right)$$

$$\leq \frac{t\kappa(t)}{\alpha_t^2}\left(-\alpha_t^2\chi_1^d\left(\frac{(1+\eta)\rho}{\alpha_t^2}\right) + (1+\eta)\rho\frac{d}{2}\log \alpha_t^2\right)$$

für jedes $R > 0$, denn $\chi_1^d \leq \chi_1^{d,0}$. Nach Definition ist $\chi_1^d = \chi^{(DE)}$. Jetzt verwenden wir die erste Aussage von Proposition 2.1.10 mit $\kappa = \alpha_t^2$ und erhalten

$$E_t \leq \frac{t\kappa(t)}{\alpha_t^2}\left(-\chi^{(FB)}((1+\eta)\rho) + o(1)\right) \qquad (4.24)$$

für $t \to \infty$. Wir erinnern daran, dass $\chi^{(FB)} = \chi_1^c$ ist, und setzen Gleichungen (4.24) und (4.23) in (4.21) ein:

$$\mathbb{E}\left[e^{(1+\eta)\mathcal{H}_{M,t}}\mathbb{1}_{\{\operatorname{supp} \ell_t \subseteq B_{R\alpha_t}\}}\right] \leq \exp\left(\frac{t\kappa(t)}{\alpha_t^2}\left(-\chi_1^c((1+\eta)\rho) + o(1)\right)\right)$$

für jedes $M > 0$. Im Grenzübergang $t \to \infty$ und $\eta \downarrow 0$ entsteht (4.20) aufgrund von Lemma 3.4.1(b).

Betrachten wir als Zweites $\gamma \neq 1$ und verfahren ganz ähnlich:

$$\hat{H}(\alpha_t^d p(z)) = \frac{\alpha_t^d p(z) - \left(\alpha_t^d p(z)\right)^\gamma}{1-\gamma},$$

also

$$G_t(p) = -\frac{1}{1-\gamma}\alpha_t^{-2-d(1-\gamma)}\sum_{z \in B_{R\alpha_t}} p(z)^\gamma + \frac{\alpha_t^{-2}}{1-\gamma}$$

für jedes Wahrscheinlichkeitsmaß p auf $B_{R\alpha_t}$. Im Fall $\gamma = 0$ gilt die Interpretation $\sum p^\gamma = |\operatorname{supp} p|$. Wir erinnern an das in (3.57) definierte Variationsproblem $\hat{\chi}_\gamma^{(\mathrm{DB}),0}(\rho,R)$. Damit erkennen wir nun, dass in (4.22)

$$E_t = \frac{t\kappa(t)}{\alpha_t^2}\Big(-\alpha_t^2 \hat{\chi}_\gamma^{(\mathrm{DB}),0}\Big(\frac{(1+\eta)\rho}{\alpha_t^{2+d(1-\gamma)}}, R\alpha_t\Big) + \frac{(1+\eta)\rho}{1-\gamma}\Big)$$

für jedes $R > 0$ steht. Nun können wir aus Proposition 3.4.7 schlussfolgern, dass

$$\begin{aligned}E_t &\leq \frac{t\kappa(t)}{\alpha_t^2}\Big(-\hat{\chi}_\gamma^{(\mathrm{B}),0}((1+\eta)\rho, R) + \frac{(1+\eta)\rho}{1-\gamma} + o(1)\Big)\\ &= \frac{t\kappa(t)}{\alpha_t^2}\big(-\chi_\gamma^{(\mathrm{B}),0}((1+\eta)\rho, R) + o(1)\big)\end{aligned} \quad (4.25)$$

für $t \to \infty$ gilt. Zu beachten ist, dass Proposition 3.4.7 für alle $\gamma < 1 + 2/d$ gilt, also genau für die in Phase 3 betrachteten Parameter.

Jetzt setzen wir wieder (4.25) und (4.23) in (4.21) ein, wobei wir $\chi_\gamma^{(\mathrm{B}),0} = \chi_\gamma^{\mathrm{c},0} \geq \chi_\gamma^{\mathrm{c}}$ beachten. Damit und mit Lemma 3.4.1(b) für den Grenzübergang $\eta \downarrow 0$ erhalten wir die gewünschte Formel (4.20). Somit ist die Voraussetzung (3.23) für den Hölder-Trick für alle $\gamma \in [0, 1 + 2/d)$ gezeigt.

Beweis von (3.21). Unser Ziel ist für alle $\omega > 0$ die Abschätzung

$$\limsup_{M\to\infty}\limsup_{t\to\infty} \frac{\alpha_t^2}{t\kappa(t)}\log \mathbb{E}\big[e^{\omega \mathcal{R}_{M,t}}\mathbb{1}_{\{\mathrm{supp}\,\ell_t \subseteq B_{R\alpha_t}\}}\big] \leq 0. \quad (4.26)$$

O.B.d.A. sei $\omega > 0$. Denn für $\ell_t(z)\alpha_t^d/t > M > 1$ ist wegen Lemma 3.2.1(b) der Term $\mathcal{R}_{M,t}$ nichtnegativ, sodass für $\omega \leq 0$ die Aussage klar ist. Wir erinnern daran, dass $\gamma < 1 + 2/d$ gilt und wir außerdem $\gamma < 2$ fordern.

Wählen wir $0 \vee (1-\gamma) < \delta < (2-\gamma) \wedge \frac{2+d(1-\gamma)}{d}$, so folgt aus Proposition 3.2.8 die Existenz eines $A > 1$ so, dass für hinreichend große t gilt:

$$\frac{H(ty) - yH(t)}{K_H(t)} \leq A y^{\gamma+\delta}, \quad y \geq 1.$$

Wir verwenden das mit $\frac{t}{\alpha_t^d} \gg 1$ statt t und $y = \frac{\alpha_t^d}{t}\ell_t(z) > M > 1$ und erhalten

$$H(\ell_t(z)) - \frac{\alpha_t^d}{t}\ell_t(z)H(t\alpha_t^{-d}) \leq A K_H(t\alpha_t^{-d})\Big(\frac{\alpha_t^d}{t}\ell_t(z)\Big)^{\gamma+\delta}.$$

Aufgrund von (2.7) gilt $K_H(t\alpha_t^{-d}) = t\kappa(t)/\alpha_t^{d+2}$, außerdem können wir mit der Treppenfunktion $L_t(y) = \frac{\alpha_t^d}{t}\ell_t(\lfloor \alpha_t y\rfloor)$ auf Q_R schreiben:

$$\begin{aligned}\mathcal{R}_{M,t} &= \sum_{z\in B_{R\alpha_t}} \mathbb{1}_{\{\ell_t(z) > Mt\alpha_t^{-d}\}}\big[H(\ell_t(z)) - \frac{\alpha_t^d}{t}\ell_t(z)H(t\alpha_t^{-d})\big]\\ &\leq A \frac{t\kappa(t)}{\alpha_t^2}\int_{Q_R}\mathbb{1}_{\{L_t(y)>M\}}L_t(y)^{\gamma+\delta}\,\mathrm{d}y.\end{aligned}$$

Wegen $\delta < 2 - \gamma$ können wir die im Beweis der unteren Schranke gezeigte Ungleichung (4.9) mit $\gamma + \delta$ anstelle von γ anwenden:
$$\int_{Q_R} \mathbb{1}_{\{L_t(y)>M\}} L_t(y)^{\gamma+\delta}\, dy \leq M^{-\frac{(2-\gamma-\delta)q-1}{q}} \|L_t\|_q$$
für jedes $q > 1 \wedge \frac{1}{2-\gamma-\delta}$. Da $\delta < \frac{2+d(1-\gamma)}{d}$, ist die Wahl von q außerdem so möglich, dass $(d-2)q < d$ gilt. Zusammenfassend haben wir mit $\theta = \omega A M^{-\frac{(2-\gamma-\delta)q-1}{q}} \downarrow 0$ für $M \to \infty$
$$\omega \mathcal{R}_{M,t} \leq \theta \frac{t\kappa(t)}{\alpha_t^2} \|L_t\|_q.$$
Nun ergibt Proposition 3.3.5 die Behauptung (4.26). Damit ist auch Voraussetzung (3.21) gezeigt und somit der Beweis von Proposition 4.3.2 beendet.

4.4 Phase 4: Beweis von Theorem 2.1.7

Wir werden in diesem Beweis häufig auf die in Abschnitt 3.3.2 bereitgestellten Notationen und Ergebnisse zurückgreifen. Insbesondere erinnern wir daran, dass unser räumlicher Skalierungsfaktor hier $\alpha_t = t^{1/d}$ ist und dass wir nicht nur die Lokalzeiten, sondern auch das Potential reskalieren:
$$L_t(y) = \ell_t(\lfloor \alpha_t y \rfloor), \quad \bar{\xi}_t(y) = \xi(\lfloor \alpha_t y \rfloor), \quad y \in \mathbb{R}^d.$$

4.4.1 Untere Schranke

Zum Beweis der unteren Schranke können wir Theorem 3.3.6 verwenden und werden damit auf ein Variationsproblem stoßen, das sich bei genauerem Hinsehen als das gesuchte ergibt.

Anwendung von Theorem 3.3.6. Wir starten mit der ersten Gleichheit in (3.1) und beachten, dass
$$\sum_{z \in \mathbb{Z}^d} \ell_t(z)\xi(z) = \alpha_t^d \int_{\mathbb{R}^d} \ell_t(\lfloor \alpha_t y \rfloor)\xi(\lfloor \alpha_t y \rfloor) dy = t(L_t, \bar{\xi}_t)$$
gilt. Damit haben wir
$$\langle U(t) \rangle = \langle \mathbb{E}[\exp(t(L_t, \bar{\xi}_t))] \rangle$$
$$= \int_0^\infty \mathbb{P} \times \text{Prob}(t(L_t, \bar{\xi}_t) > \log x) dx$$
$$= \int_\mathbb{R} t e^{ut} \mathbb{P} \times \text{Prob}((L_t, \bar{\xi}_t) > u) du.$$

94 KAPITEL 4. BEWEIS DER ASYMPTOTISCHEN RESULTATE

Seien $\varepsilon \in (0,1)$ beliebig und $u > 0$ fest. Es folgt

$$\langle U(t) \rangle \geq \int_{u-\varepsilon}^{u} t e^{\tilde{u}t}\, \mathbb{P} \times \mathrm{Prob}\bigl((L_t, \bar{\xi}_t) > \tilde{u}\bigr) \mathrm{d}\tilde{u}$$
$$\geq \varepsilon t e^{(u-\varepsilon)t}\, \mathbb{P} \times \mathrm{Prob}\bigl((L_t, \bar{\xi}_t) > u\bigr),$$

also mit Theorem 3.3.6

$$\liminf_{t \to \infty} \frac{1}{t} \log \langle U(t) \rangle \geq u - \varepsilon - (\kappa^*)^{d/(d+2)} \chi_H^{[\mathrm{GKS07}]}(u).$$

Nun lassen wir ε gegen Null gehen und bilden das Supremum über $u > 0$:

$$\liminf_{t \to \infty} \frac{1}{t} \log \langle U(t) \rangle \geq (\kappa^*)^{d/(d+2)} \sup_{u > 0} \bigl\{ (\kappa^*)^{-d/(d+2)} u - \chi_H^{[\mathrm{GKS07}]}(u) \bigr\}. \qquad (4.27)$$

Im Folgenden werden wir zeigen, dass sich die Variationsformel auf der rechten Seite von (4.27) zu der in (2.9) definierten Formel $\chi_H^{(\mathrm{RWRS})}$ transformieren lässt.

Zusammenhang zwischen den Variationsformeln $\chi_H^{[\mathrm{GKS07}]}$ **und** $\chi_H^{(\mathrm{RWRS})}$. Sei $g \in \mathrm{H}^1(\mathbb{R}^d)$ mit $\|g\|_2 = 1$ fest. Wir betrachten die Funktion

$$\Phi(\beta) = \Phi_{H,g}(\beta) := \int_{\mathbb{R}^d} H(\beta g(y)^2) \mathrm{d}y, \quad \beta > 0.$$

In Abschnitt 3.4.1 haben wir begründet, dass die Kumulantenerzeugende H von $\xi(0)$ auf $[0, \infty)$ monoton wächst und nichtnegativ ist. Entsprechendes gilt für die Funktion Φ, insbesondere haben wir $\Phi'([0, \infty)) \subseteq [0, \infty)$. Da außerdem H konvex ist, ist auch Φ konvex. Insbesondere ist H' monoton wachsend.

Wir zeigen nun ein Dualitätslemma analog [DZ98, Lemma 4.5.8]) für die Legendre-Transformierte von $\Phi_{H,g}$, allerdings eingeschränkt auf einen nichtnegativen Definitionsbereich.

Lemma 4.4.1. *Sei*

$$\widehat{\Phi}_{H,g}(u) = \sup_{\beta > 0} \bigl\{ \beta u - \Phi_{H,g}(\beta) \bigr\}, \quad u > 0.$$

Dann gilt für alle $\beta > 0$

$$\sup_{u > 0} \bigl\{ \beta u - \widehat{\Phi}_{H,g}(u) \bigr\} = \Phi_{H,g}(\beta).$$

Beweis. Sei $\beta > 0$. Wir setzen $u = \Phi'(\beta)$. Dann ist $u \geq 0$. Ein kleines funktionstheoretisches Argument zeigt sogar $u > 0$: Wir behaupten $H' > 0$ auf $(0, \infty)$. Wegen $H'(0) = \langle \xi(0) \rangle = 0$, Monotonie und Stetigkeit von H' wäre anderenfalls $H' = 0$

4.4. PHASE 4: BEWEIS VON THEOREM 2.1.7

auf einer Nichtnullteilmenge von $(0, \infty)$. Da H' analytisch ist, würde aus dem Identitätssatz für Potenzreihen $H' = 0$ auf $\mathbb{R}^+$ folgen, was nicht möglich ist, da H keine konstante Funktion ist. Also gilt $H' > 0$ auf $(0, \infty)$ und folglich $u = \Phi'(\beta) > 0$.

Für $F_u(\tilde{\beta}) = \tilde{\beta}u - \Phi(\tilde{\beta})$ gilt $F'_u(\beta) = u - \Phi'(\beta) = 0$. Da F_u (wegen der Konvexität von Φ) konkav und nichtkonstant ist, folgt $F_u(\beta) = \sup_{\tilde{\beta}>0} F_u(\tilde{\beta}) = \widehat{\Phi}(u)$. Wegen $u > 0$ haben wir weiterhin

$$\sup_{\tilde{u}>0}\{\beta\tilde{u} - \widehat{\Phi}(\tilde{u})\} \geq \beta u - \widehat{\Phi}(u) = \beta u - F_u(\beta) = \Phi(\beta).$$

Außerdem gilt $\widehat{\Phi}(\tilde{u}) = \sup_{\tilde{\beta}>0}\{\tilde{\beta}\tilde{u} - \Phi(\tilde{\beta})\} \geq \beta\tilde{u} - \Phi(\beta)$ für alle $\tilde{u} > 0$, also

$$\sup_{\tilde{u}>0}\{\beta\tilde{u} - \widehat{\Phi}(\tilde{u})\} \leq \Phi(\beta).$$

Damit ist die Gleichheit gezeigt. $\square$

Mit Hilfe dieses Dualitätslemmas können wir nun folgende Aussage beweisen.

Lemma 4.4.2. *Für alle $\beta > 0$ gilt*

$$\sup_{u>0}\{\beta u - \chi_H^{[GKS07]}(u)\} = -\beta^{-2/d}\chi_H^{(RWRS)}(\beta^{1+2/d}).$$

Beweis. Als Erstes zeigen wir die folgende Reskalierungseigenschaft für $\chi_H^{(RWRS)}$:

$$\chi_H^{(RWRS)}(\beta^{1+2/d}) = \inf_{\|g\|_2=1}\Big\{\int_{\mathbb{R}^d}|\nabla g(y)|^2 dy - \beta^{1+2/d}\int_{\mathbb{R}^d}H(g(y)^2)dy\Big\}$$
$$= \beta^{2/d}\inf_{\|g\|_2=1}\Big\{\int_{\mathbb{R}^d}|\nabla g(y)|^2 dy - \int_{\mathbb{R}^d}H(\beta g(y)^2)dy\Big\}. \quad (4.28)$$

Diese erhalten wir, indem wir zu beliebigem $g \in \mathrm{H}^1(\mathbb{R}^d)$ mit $\|g\|_2 = 1$ und beliebigem $b > 0$ die Funktion $g_b(x) := b^{d/2}g(bx)$ definieren. Dann ist $\|g_b\|_2 = 1$, $\int|\nabla g_b|^2 = b^2\int|\nabla g|^2$ und $\int H \circ g_b^2 = b^{-d}\int H \circ [b^d g^2]$. Da die Abbildung $g \mapsto g_b$ bijektiv ist, folgt (4.28), wenn wir $b = \beta^{1/d}$ setzen.

Jetzt nutzen wir erst Lemma 4.4.1, dann (4.28), und erhalten

$$\sup_{u>0}\{\beta u - \chi_H^{[GKS07]}(u)\} = \sup_{u>0}\Big\{\beta u - \inf_{\substack{g\in \mathrm{H}^1(\mathbb{R}^d) \\ \|g\|_2=1}}\Big[\int_{\mathbb{R}^d}|\nabla g(y)|^2 dy + \widehat{\Phi}_{H,g}(u)\Big]\Big\}$$
$$= \sup_{\substack{g\in \mathrm{H}^1(\mathbb{R}^d) \\ \|g\|_2=1}}\Big[-\int_{\mathbb{R}^d}|\nabla g(y)|^2 dy + \sup_{u>0}\{\beta u - \widehat{\Phi}_{H,g}(u)\}\Big]$$
$$= \sup_{\substack{g\in \mathrm{H}^1(\mathbb{R}^d) \\ \|g\|_2=1}}\Big[-\int_{\mathbb{R}^d}|\nabla g(y)|^2 dy + \Phi_{H,g}(\beta)\Big]$$

$$= -\inf_{\substack{g\in H^1(\mathbb{R}^d)\\ \|g\|_2=1}} \left\{ \int_{\mathbb{R}^d} |\nabla g(y)|^2 \mathrm{d}y - \int_{\mathbb{R}^d} H(\beta g(y)^2)\mathrm{d}y \right\}$$

$$= -\beta^{-2/d} \chi_H^{(\mathrm{RWRS})}(\beta^{1+2/d}). \qquad \square$$

Setzen wir die Aussage von Lemma 4.4.2 für $\beta = (\kappa^*)^{-d/(d+2)}$ in (4.27) ein, so haben wir die untere Schranke von Theorem 2.1.7 bewiesen.

4.4.2 Obere Schranke

Wie im Beweis der unteren Schranke schreiben wir

$$\langle U(t) \rangle = \langle \mathbb{E}[\exp(t(L_t, \bar{\xi}_t))] \rangle.$$

Kompaktifizierung. Ganz ähnlich wie im Beweis der oberen Schranke von Theorem 2.1.6 kompaktifizieren wir auch hier mit einem Eigenwerttrick.

Proposition 4.4.3. *Es existiert eine Konstante $C > 0$ so, dass für alle $R > 0$*

$$\frac{1}{t}\log\langle \mathbb{E}[\mathrm{e}^{t(L_t,\bar{\xi}_t)}]\rangle \leq \frac{C}{R^2} + \frac{1}{t}\log\langle \mathbb{E}[\mathrm{e}^{t(L_t,\bar{\xi}_t)}\mathbb{1}_{\{\mathrm{supp}\, L_t \subseteq Q_{4R}\}}]\rangle + o(1), \quad t \to \infty.$$

Beweis. Die Aussage erinnert stark an Proposition 4.3.1 und tatsächlich können wir deren Beweis weitestgehend übernehmen.

Wir wählen $r(t) = t^\mu$ mit $\mu > 1 + 2/d$. Insbesondere gilt damit auch $\mu > \gamma$. Dann schreiben wir

$$\mathbb{E}[\mathrm{e}^{t(L_t,\bar{\xi}_t)}] = \mathbb{E}[\mathrm{e}^{t(L_t,\bar{\xi}_t)}\mathbb{1}_{\{\mathrm{supp}\,\ell_t \subseteq B_{r(t)}\}}] + \mathbb{E}[\mathrm{e}^{t(L_t,\bar{\xi}_t)}\mathbb{1}_{\{\mathrm{supp}\,\ell_t \not\subseteq B_{r(t)}\}}]. \qquad (4.29)$$

Der Exponent lässt sich umschreiben zu

$$t(L_t, \bar{\xi}_t) = \sum_{z\in\mathbb{Z}^d} \xi(z)\ell_t(z) = \int_0^t \xi(X_s)\mathrm{d}s.$$

Damit können wir den ersten Summanden auf der rechten Seite von (4.29) genauso behandeln wie im Beweis von Proposition 4.3.1, wobei wir ausnutzen, dass $r(t) \gg t^{1+2/d} \asymp t\kappa(t)$ und $r(t) = \mathrm{e}^{o(t)}$ gilt. Wir erhalten

$$\frac{1}{t}\log\langle \mathbb{E}[\mathrm{e}^{t(L_t,\bar{\xi}_t)}\mathbb{1}_{\{\mathrm{supp}\,\ell_t \subseteq B_{r(t)}\}}]\rangle$$
$$\leq \frac{C}{R^2} + \frac{1}{t}\log\langle \mathbb{E}[\mathrm{e}^{t(L_t,\bar{\xi}_t)}\mathbb{1}_{\{\mathrm{supp}\,L_t \subseteq Q_{4R}\}}]\rangle + o(1), \quad t \to \infty. \qquad (4.30)$$

4.4. PHASE 4: BEWEIS VON THEOREM 2.1.7

Auf den zweiten Summanden von (4.29) wenden wir die Cauchy–Schwarz-Ungleichung an,

$$\langle \mathbb{E}\big[e^{t(L_t, \bar{\xi}_t)} \mathbb{1}_{\{\text{supp}\, \ell_t \not\subseteq B_{r(t)}\}}\big]\rangle \leq \langle \mathbb{E}\big[e^{2t(L_t, \bar{\xi}_t)}\big]\rangle^{1/2} \mathbb{P}(\text{supp}\, \ell_t \not\subseteq B_{r(t)})^{1/2}.$$

Aufgrund von Lemma 3.3.1 und $r(t) \gg t\kappa(t)$ wissen wir

$$\mathbb{P}(\text{supp}\, \ell_t \not\subseteq B_{r(t)})^{1/2} \leq 2^{(d+1)/2} \exp\Big(-\frac{r(t)}{2}\Big(\log \frac{r(t)}{dt\kappa(t)} - 1\Big)\Big) \leq \exp(-C_1 r(t))$$

für große t mit einer geeigneten Konstanten $C_1 > 0$. Wenn wir weiter analog dem Beweis von Proposition 4.3.1 verfahren, so ergibt sich

$$\langle \mathbb{E}\big[e^{t(L_t, \bar{\xi}_t)} \mathbb{1}_{\{\text{supp}\, \ell_t \not\subseteq B_{r(t)}\}}\big]\rangle \leq e^{-C_1 r(t)} \langle e^{2t\xi(0)}\rangle^{1/2}.$$

Nach Definition der Kumulantenerzeugenden H von $\xi(0)$ ist $\langle e^{2t\xi(0)}\rangle = e^{H(2t)}$. Aus der Asymptotik (3.39) erhalten wir außerdem

$$\frac{1}{t} \log \mathbb{E}\big[e^{t(L_t, \bar{\xi}_t)} \mathbb{1}_{\{\text{supp}\, \ell_t \not\subseteq B_{r(t)}\}}\big] \leq -C_1 t^{\mu-1} + C_2 t^{\gamma \vee 1 - 1 + o(1)}, \quad t \to \infty,$$

für eine Konstante $C_2 > 0$. Da $\mu > \gamma$ und $\mu > 1$ gilt, folgt

$$\limsup_{t \to \infty} \frac{1}{t} \log \mathbb{E}\big[e^{t(L_t, \bar{\xi}_t)} \mathbb{1}_{\{\text{supp}\, \ell_t \not\subseteq B_{r(t)}\}}\big] = -\infty. \tag{4.31}$$

Also wird die exponentielle Asymptotik von (4.29) durch den ersten Summanden, d.h. durch (4.30) bestimmt, womit das Lemma bewiesen ist. □

Weiter gehts. Sei
$$U_R(t) = \mathbb{E}\big[e^{t(L_t, \bar{\xi}_t)} \mathbb{1}_{\{\text{supp}\, L_t \subseteq Q_R\}}\big].$$

Wegen Proposition 4.4.3 reicht zu zeigen, dass für alle $R > 0$

$$\langle U_R(t)\rangle \leq \exp\Big(-t\kappa^* \chi_H^{(\text{RWRS})}\Big(\frac{1}{\kappa^*}\Big)(1 + o(1))\Big) \tag{4.32}$$

für $t \to \infty$ erfüllt ist.

Aus beweistechnischen Gründen müssen wir das Potential beschneiden und glätten. Mit $\bar{\xi}_t^{(\leq M)}$ und $\bar{\xi}_t^{(>M)}$ wie in (3.36) gilt $\bar{\xi}_t \leq \bar{\xi}_t^{(\leq M)} + \bar{\xi}_t^{(>M)}$, und indem wir noch die geglättete Version $\bar{\xi}_t^{(\leq M)} \star j_\delta$ einführen, unterteilen wir den Exponenten in drei Terme, die wir mit dem Hölder-Trick trennen und einzeln behandeln wollen. Es ist

$$\langle U_R(t)\rangle \leq \langle \mathbb{E}\big[\exp\big(\mathcal{H}_{M,t,\delta} + \mathcal{R}_{M,t,\delta}^{(1)} + \mathcal{R}_{M,t}^{(2)}\big) \mathbb{1}_{\{\text{supp}\, L_t \subseteq Q_R\}}\big]\rangle$$

98 KAPITEL 4. BEWEIS DER ASYMPTOTISCHEN RESULTATE

mit
$$\mathcal{H}_{M,t,\delta} = t\big(L_t, \bar{\xi}_t^{(\leq M)} \star j_\delta\big),$$
$$\mathcal{R}_{M,t,\delta}^{(1)} = t\big(L_t, \bar{\xi}_t^{(\leq M)} - \bar{\xi}_t^{(\leq M)} \star j_\delta\big),$$
$$\mathcal{R}_{M,t}^{(2)} = t\big(L_t, \bar{\xi}_t^{(>M)}\big).$$

Wir verwenden das Hölder-Lemma 3.2.3 zunächst, um den Hauptterm von den Resttermen zu trennen, und dann noch einmal, um die beiden Restterme voneinander zu trennen. Damit müssen wir zusammenfassend die folgenden drei Aussagen zeigen:

$$\limsup_{\eta \downarrow 0} \limsup_{M \to \infty} \limsup_{\delta \downarrow 0} \limsup_{t \to \infty} \frac{1}{t\kappa^*} \log \langle \mathbb{E}\big[e^{(1+\eta)\mathcal{H}_{M,t,\delta}} \mathbb{1}_{\{\mathrm{supp}\, L_t \subseteq Q_R\}}\big]\rangle \leq -\chi_H^{(\mathrm{RWRS})}\Big(\frac{1}{\kappa^*}\Big), \tag{4.33}$$

$\forall \omega \in \mathbb{R},$
$$\limsup_{\eta \downarrow 0} \limsup_{M \to \infty} \limsup_{\delta \downarrow 0} \limsup_{t \to \infty} \frac{1}{t} \log \langle \mathbb{E}\big[e^{\omega(1+\eta)\mathcal{R}_{M,t,\delta}^{(1)}} \mathbb{1}_{\{\mathrm{supp}\, L_t \subseteq Q_R\}}\big]\rangle \leq 0, \tag{4.34}$$

$$\forall \omega \in \mathbb{R}, \quad \limsup_{M \to \infty} \limsup_{t \to \infty} \frac{1}{t} \log \langle \mathbb{E}\big[e^{\omega \mathcal{R}_{M,t}^{(2)}} \mathbb{1}_{\{\mathrm{supp}\, L_t \subseteq Q_R\}}\big]\rangle \leq 0. \tag{4.35}$$

Alles zusammen eingesetzt in Lemma 3.2.3(b), ergibt (4.32) und damit die obere Schranke.

Beweis von (4.33). Aufgrund der Rotationsinvarianz von j_δ gilt
$$\big(L_t, \bar{\xi}_t^{(\leq M)} \star j_\delta\big) = \big(L_t \star j_\delta, \bar{\xi}_t^{(\leq M)}\big).$$
Umskalieren mit $\alpha_t = t^{1/d}$ ergibt
$$\mathcal{H}_{M,t,\delta} = \alpha_t^d \int_{\mathbb{R}^d} L_t \star j_\delta(x) \bar{\xi}_t^{(\leq M)}(x) \mathrm{d}x = \int_{\mathbb{R}^d} L_t \star j_\delta\Big(\frac{y}{\alpha_t}\Big) \bar{\xi}_t^{(\leq M)}\Big(\frac{y}{\alpha_t}\Big) \mathrm{d}y$$
$$= \sum_{z \in \mathbb{Z}^d} \int_{z+[0,1)^d} L_t \star j_\delta\Big(\frac{y}{\alpha_t}\Big) \xi^{(\leq M)}(z) \mathrm{d}y.$$

Wir schreiben $\ell_t^{(\delta)}(z) = \int_{z+[0,1)^d} L_t \star j_\delta(y/\alpha_t) \mathrm{d}y$ und schätzen $\xi^{(\leq M)}(z) \leq \xi(z) \vee (-M)$ ab, dann haben wir
$$\aleph_{M,t,\delta} := \langle \mathbb{E}\big[e^{(1+\eta)\mathcal{H}_{M,t,\delta}} \mathbb{1}_{\{\mathrm{supp}\, L_t \subseteq Q_R\}}\big] \rangle$$
$$\leq \Big\langle \mathbb{E}\Big[\exp\Big((1+\eta) \sum_{z \in \mathbb{Z}^d} \ell_t^{(\delta)}(z) \xi(z) \vee (-M)\Big) \mathbb{1}_{\{\mathrm{supp}\, L_t \subseteq Q_R\}}\Big]\Big\rangle.$$

Bezeichnen wir mit H_M die Kumulantenerzeugende von $\xi(0) \vee (-M)$, so können wir den Erwartungswert über das Potential ausführen und erhalten
$$\aleph_{M,t,\delta} \leq \mathbb{E}\Big[\exp\Big(\sum_{z \in \mathbb{Z}^d} H_M\big((1+\eta)\ell_t^{(\delta)}(z)\big)\Big) \mathbb{1}_{\{\mathrm{supp}\, L_t \subseteq Q_R\}}\Big].$$

4.4. PHASE 4: BEWEIS VON THEOREM 2.1.7

Aus Jensens Ungleichung für die konvexe Funktion H_M und das Wahrscheinlichkeitsmaß $\mathbb{1}_{\{z+[0,1)^d\}}\mathrm{d}y$ folgt

$$H_M\big((1+\eta)\ell_t^{(\delta)}(z)\big) = H_M\Big(\int_{z+[0,1)^d}(1+\eta)L_t \star j_\delta\Big(\frac{y}{\alpha_t}\Big)\mathrm{d}y\Big)$$

$$\leq \int_{z+[0,1)^d} H_M\Big((1+\eta)L_t \star j_\delta\Big(\frac{y}{\alpha_t}\Big)\Big)\mathrm{d}y$$

und somit (wir erinnern an $\alpha_t = t^{1/d}$)

$$\sum_{z\in\mathbb{Z}^d} H_M\big((1+\eta)\ell_t^{(\delta)}(z)\big) \leq \int_{\mathbb{R}^d} H_M\Big((1+\eta)L_t \star j_\delta\Big(\frac{y}{\alpha_t}\Big)\Big)\mathrm{d}y$$

$$= t\int_{\mathbb{R}^d} H_M((1+\eta)L_t \star j_\delta(y))\mathrm{d}y.$$

Gemäß Proposition 3.1.2 erfüllt der Prozess $(L_t)_t$ unter $\mathbb{P}(\,\cdot\,\mathbb{1}_{\{\mathrm{supp}\,L_t\subseteq Q_R\}})$ ein Prinzip großer Abweichungen mit Geschwindigkeit $t\kappa(t)/\alpha_t^2 = t\kappa^*(1+o(1))$. Wie in [GKS07, Abschnitt 4] gezeigt wurde, ist die Funktion $f \mapsto \int_{\mathbb{R}^d} H_M((1+\eta)f \star j_\delta(y))\mathrm{d}y$ stetig und beschränkt, also folgt aus Varadhans Lemma, dass

$$\aleph_{M,t,\delta} \leq \exp\Big(-t\kappa^*\chi^{(\mathrm{RWRS}),0}_{H_M((1+\eta)\cdot),\delta}\Big(\frac{1}{\kappa^*},R\Big)(1+o(1))\Big), \quad t\to\infty,$$

mit

$$\chi^{(\mathrm{RWRS}),0}_{H_M((1+\eta)\cdot),\delta}\Big(\frac{1}{\kappa^*},R\Big) = \inf_{\substack{g\in\mathrm{H}^1(\mathbb{R}^d)\\ \mathrm{supp}\,g\subseteq Q_R\\ \|g\|_2=1}} \Big\{\int_{\mathbb{R}^d}|\nabla g|^2 - \frac{1}{\kappa^*}\int_{\mathbb{R}^d} H_M((1+\eta)g^2\star j_\delta(y))\mathrm{d}y\Big\}.$$

Damit ist der Grenzübergang $t\to\infty$ in (4.33) vollzogen. Betrachten wir als Nächstes $\delta\downarrow 0$ und anschließend $M\to\infty$.

Die Funktion j_δ ist L^1-normiert, d.h. ein Wahrscheinlichkeitsmaß auf $\mathbb{R}^d$. Erneut impliziert Jensens Ungleichung für die konvexe Funktion H_M

$$H_M\big((1+\eta)g^2\star j_\delta(y)\big) = H_M\Big((1+\eta)\int_{\mathbb{R}^d} g^2(y-x)j_\delta(x)\mathrm{d}x\Big)$$

$$\leq \int_{\mathbb{R}^d} H_M\big((1+\eta)g^2(y-x)\big)j_\delta(x)\mathrm{d}x.$$

Mit Fubini ergibt sich

$$\int_{\mathbb{R}^d} H_M\big((1+\eta)g^2\star j_\delta(y)\big)\mathrm{d}y \leq \int_{\mathbb{R}^d}\int_{\mathbb{R}^d} H_M\big((1+\eta)g^2(y-x)\big)\mathrm{d}y\,j_\delta(x)\mathrm{d}x$$

$$= \int_{\mathbb{R}^d} H_M\big((1+\eta)g^2(y)\big)\mathrm{d}y\int_{\mathbb{R}^d} j_\delta(x)\mathrm{d}x$$

$$= \int_{\mathbb{R}^d} H_M\big((1+\eta)g^2(y)\big)\mathrm{d}y$$

für jedes $\delta > 0$. Ferner ist nach Definition von H_M für jedes $t \geq 0$

$$e^{H_M(t)} = \langle e^{t\xi(0)\vee(-M)}\rangle = \langle e^{t\xi(0)}1\!\!1_{\{\xi(0)\geq -M\}}\rangle + e^{-tM}\mathrm{Prob}(\xi(0) < -M)$$
$$\leq e^{H(t)} + \mathrm{Prob}(\xi(0) < -M) = e^{H(t)}\big(1 + e^{-H(t)}\mathrm{Prob}(\xi(0) < -M)\big).$$

Mit der Ungleichung $\log(1+x) \leq x$ folgt

$$H_M(t) \leq H(t) + e^{-H(t)}\mathrm{Prob}(\xi(0) < -M).$$

Da wegen Jensen $H(t) = \log\langle e^{t\xi(0)}\rangle \geq t\langle\xi(0)\rangle = 0$ gilt, erhalten wir

$$\int_{\mathbb{R}^d} H_M\big((1+\eta)g^2(y)\big)\mathrm{d}y \leq \int_{\mathbb{R}^d} H\big((1+\eta)g^2(y)\big)\mathrm{d}y + |Q_R|\mathrm{Prob}(\xi(0) < -M).$$

Man beachte hierbei, dass wir nur Funktionen g mit Träger in Q_R betrachten. Im Grenzübergang $M \to \infty$ verschwindet der hintere Term (unabhängig von g), sodass wir

$$\liminf_{M\to\infty}\liminf_{\delta\downarrow 0}\chi^{(\mathrm{RWRS}),0}_{H_M((1+\eta)\cdot),\delta}\Big(\frac{1}{\kappa^*},R\Big) \geq \chi^{(\mathrm{RWRS}),0}_{H((1+\eta)\cdot)}\Big(\frac{1}{\kappa^*},R\Big)$$

gezeigt haben. Dabei ist $\chi^{(\mathrm{RWRS}),0}_H(\theta,R)$ das in (3.20) definierte Variationsproblem. Nun können wir entkompaktifizieren, was wegen $\chi^{(\mathrm{RWRS}),0}_{H((1+\eta)\cdot)}(1/\kappa^*,R) \geq \chi^{(\mathrm{RWRS})}_{H((1+\eta)\cdot)}(1/\kappa^*)$ für jedes $R > 0$ leicht fällt. Wegen der Reskalierungseigenschaft (4.28) gilt weiterhin

$$\chi^{(\mathrm{RWRS})}_{H((1+\eta)\cdot)}\Big(\frac{1}{\kappa^*}\Big) = (1+\eta)^{-2/d}\chi^{(\mathrm{RWRS})}_H\Big(\frac{(1+\eta)^{1+2/d}}{\kappa^*}\Big),$$

und das konvergiert für $\eta \downarrow 0$ gegen die gewünschte Variationsformel $\chi^{(\mathrm{RWRS})}_H(1/\kappa^*)$. Damit ist (4.33) vollständig bewiesen.

Beweis von (4.34). Sei $\varepsilon > 0$ beliebig. Wir verzichten als Erstes auf den Indikator auf das Ereignis $\{\mathrm{supp}\,L_t \subseteq Q_R\}$. Dann zerlegen wir den Erwartungswert in zwei Teile. Zunächst betrachten wir

$$\big\langle\mathbb{E}\big[e^{\omega(1+\eta)t(L_t,\bar\xi^{(\leq M)}_t - \bar\xi^{(\leq M)}_t\star j_\delta)}1\!\!1_{\{|\omega(L_t,\bar\xi^{(\leq M)}_t - \bar\xi^{(\leq M)}_t\star j_\delta)|\leq \varepsilon\}}\big]\big\rangle \leq e^{(1+\eta)t\varepsilon}$$

für jedes $\delta > 0$. Hieraus folgt im Grenzübergang $\varepsilon \to 0$

$$\limsup_{t\to\infty}\frac{1}{t}\log\big\langle\mathbb{E}\big[e^{\omega(1+\eta)\mathcal{R}^{(1)}_{M,t,\delta}}1\!\!1_{\{|\omega(L_t,\bar\xi^{(\leq M)}_t - \bar\xi^{(\leq M)}_t\star j_\delta)|\leq\varepsilon\}}\big]\big\rangle \leq 0$$

für alle $\delta > 0$, $M > 0$ und $\eta > 0$. Für den zweiten Teil des Erwartungswertes beachten wir, dass $|\bar\xi^{(\leq M)}_t - \bar\xi^{(\leq M)}_t\star j_\delta| \leq 2M$ gilt, daher haben wir

$$\big\langle\mathbb{E}\big[e^{\omega(1+\eta)t(L_t,\bar\xi^{(\leq M)}_t - \bar\xi^{(\leq M)}_t\star j_\delta)}1\!\!1_{\{|\omega(L_t,\bar\xi^{(\leq M)}_t - \bar\xi^{(\leq M)}_t\star j_\delta)|> \varepsilon\}}\big]\big\rangle$$
$$\leq e^{2|\omega|(1+\eta)tM}\mathbb{P}\times\mathrm{Prob}\big(\big|\big(L_t,\bar\xi^{(\leq M)}_t - \bar\xi^{(\leq M)}_t\star j_\delta\big)\big| > \varepsilon/|\omega|\big).$$

4.4. PHASE 4: BEWEIS VON THEOREM 2.1.7

Mit Lemma 3.3.7 folgt

$$\lim_{\delta\downarrow 0}\limsup_{t\to\infty}\frac{1}{t}\log\langle\mathbb{E}\big[\mathrm{e}^{\omega(1+\eta)\mathcal{R}^{(1)}_{M,t,\delta}}\mathbb{1}_{\{|\omega(L_t,\bar{\xi}^{(\leq M)}_t-\bar{\xi}^{(\leq M)}_t\star j_\delta)|>\varepsilon\}}\big]\rangle=-\infty$$

für alle $M>0$ und $\eta>0$. Damit ist (4.34) gezeigt.

Beweis von (4.35). Dieser gestaltet sich recht komplex und wir bringen zunächst zwei vorbereitende Lemmata, deren Beweise wir an das Ende dieses Abschnitts verlagern. Zu danken ist an dieser Stelle der ausführlichen Darstellung einer ganz ähnlichen Argumentation in [G07, Lemma 1.4.3].

Das erste Lemma ist eine Verfeinerung von Proposition 3.3.5, angepasst an die Bedingungen in Phase 4.

Lemma 4.4.4. *Für jedes $q>1$ mit $q(d-2)<d$ und jedes $\theta>0$ gilt, für hinreichend große t,*

$$\mathbb{E}\Big[\exp(\theta t^{1-1/q}\|\ell_t\|_q)\mathbb{1}_{\{\mathrm{supp}\,\ell_t\subseteq B_{\lfloor Rt^{1/d}\rfloor}\}}\Big]\leq \mathrm{e}^{c_\theta t}.$$

Dabei ist $c_\theta>0$ eine Konstante, die so gewählt werden kann, dass $\lim_{\theta\downarrow 0}c_\theta=0$ gilt.

Man beachte, dass $\|\ell_t\|_q$ die Norm der Lokalzeiten im $\mathbb{Z}^d$ ist: $\|\ell_t\|_q^q=\sum_{z\in\mathbb{Z}^d}\ell_t(z)^q$.

Um Lemma 4.4.4 geeignet anwenden zu können, brauchen wir als Zweites noch die folgende Hilfsaussage.

Lemma 4.4.5. *Es gelte $0<\gamma<2\wedge(1+2/d)$.*

(a) *Es gibt ein $q>1$ mit $q(d-2)<d$, sodass*

$$\sum_{z\in\mathbb{Z}^d:\ell_t(z)>1}\ell_t(z)^\gamma\leq t^{1-1/q}\|\ell_t\|_q.$$

(b) *Es gibt $p>1$ und $q>1$ mit $q(d-2)<d$, sodass*

$$\Big(\sum_{z\in\mathbb{Z}^d:\ell_t(z)>1}\ell_t(z)^{p\gamma}\Big)^{1/p}\leq t^{1/p-1/q}\|\ell_t\|_q.$$

Mit dieser Vorbereitung widmen wir uns nun dem Beweis von (4.35). Zu zeigen ist

$$\limsup_{M\to\infty}\limsup_{t\to\infty}\frac{1}{t}\log\mathbb{E}\Big[\langle\mathrm{e}^{\omega t(L_t,\bar{\xi}^{(>M)}_t)}\rangle\mathbb{1}_{\{\mathrm{supp}\,L_t\subseteq Q_R\}}\Big]\leq 0 \quad\text{für alle }\omega\in\mathbb{R}. \tag{4.36}$$

O.B.d.A. sei $\omega>0$, sonst ist die Aussage klar. Nach Reskalierung haben wir $t(L_t,\bar{\xi}^{(>M)}_t)=\sum_{z\in B_{\lfloor Rt^{1/d}\rfloor}}\ell_t(z)\xi^{(>M)}(z)$. Im Folgenden kürzen wir $B:=B_{\lfloor Rt^{1/d}\rfloor}$ ab.

Um den Term $\xi^{(>M)}(z) = (\xi(z) - M)_+$ auf $\xi(z)$ zurückzuführen, summieren wir zunächst über alle möglichen Teilmengen von B, in denen $\xi(z) > M$ gilt:

$$\langle e^{\omega t(L_t, \bar{\xi}_t^{(>M)})} \rangle = \sum_{S \subseteq B} \Big\langle \exp\Big(\omega \sum_{z \in S} (\xi(z) - M)\ell_t(z) \Big) \mathbb{1}_{\{S = \{z \in B : \xi(z) > M\}\}} \Big\rangle$$

$$\leq \underbrace{\sum_{S \subseteq B} \Big\langle \exp\Big(2\omega \sum_{z \in S} \xi(z)\ell_t(z) \Big) \Big\rangle^{1/2}}_{=: \Xi_{t,S}} \underbrace{\mathrm{Prob}\big(S = \{z \in B : \xi(z) > M\}\big)^{1/2}}_{=: \Pi_{t,S,M}}.$$

Im letzen Schritt haben wir die Cauchy–Schwarz-Ungleichung verwendet und dann $\xi(z) - M \leq \xi(z)$ abgeschätzt. Das weitere Vorgehen hängt von der Größe der Menge S ab, daher führen wir einen Hilfsparameter $\tau > 0$ ein und unterteilen unsere Summe in zwei Teile:

$$\langle e^{\omega t(L_t, \bar{\xi}_t^{(>M)})} \rangle \leq \sum_{\substack{S \subseteq B \\ |S| \geq \tau t}} \Xi_{t,S}^{(1)} \Pi_{t,S,M}^{(1)} + \sum_{\substack{S \subseteq B \\ |S| \leq \tau t}} \Xi_{t,S}^{(2)} \Pi_{t,S,M}^{(2)}. \tag{4.37}$$

Betrachten wir als Erstes die erste Teilsumme. Hier behandeln wir zunächst den Wahrscheinlichkeitsterm, wobei wir beachten, dass das Potential i.i.d. ist,

$$\Pi_{t,S,M}^{(1)} = \mathrm{Prob}\big(S = \{z \in B : \xi(z) > M\}\big)^{1/2}$$
$$\leq \mathrm{Prob}\big(\xi(z) > M \text{ für alle } z \in S\big)^{1/2}$$
$$= \mathrm{Prob}(\xi(0) > M)^{|S|/2} \leq \mathrm{Prob}(\xi(0) > M)^{\tau t/2}. \tag{4.38}$$

Im Erwartungswertterm verwenden die Definition der Kumulantenerzeugenden H von $\xi(0)$ und ersetzen dann S durch B. Dabei beachten wir, dass $H \geq 0$ gilt, wie wir in Abschnitt 3.4.1 begründet haben. Es ergibt sich

$$\Xi_{t,S}^{(1)} = \Big\langle \exp\Big(2\omega \sum_{z \in S} \xi(z)\ell_t(z)\Big) \Big\rangle^{1/2} \leq \exp\Big(\frac{1}{2} \sum_{z \in B} H(2\omega \ell_t(z))\Big).$$

Wir erinnern an die Asymptotik (3.39), welche unter den Voraussetzungen von Theorem 2.1.7 erfüllt ist. Insbesondere gilt

$$\forall \varepsilon > 0 \; \exists L_0 > 0 \; \forall L \geq L_0 \quad H(L) \leq L^{\gamma \vee 1 + \varepsilon}. \tag{4.39}$$

Sei also $\varepsilon > 0$. Nach Voraussetzung haben wir $\gamma < 2 \wedge (1 + 2/d)$ und wir wählen ε so, dass diese obere Schranke auch noch für $\gamma \vee 1 + \varepsilon$ gilt. Wir unterteilen die Summe über $z \in B$ in jene Summanden, wo $2\omega \ell_t(z) < L_0$ gilt, und jene mit $2\omega \ell_t(z) \geq L_0$. Die erste Teilsumme können wir wegen $|B| = O(t)$ durch $c_1 t$ abschätzen, wobei die Konstante $c_1 > 0$ nur von H, R, L_0 und ω abhängt. In der zweiten Teilsumme nutzen wir (4.39) aus. Zusammenfassend haben wir, mit einer weiteren Konstanten $c_2 > 0$,

$$\Xi_{t,S}^{(1)} \leq \exp\Big(c_1 t + c_2 \sum_{z \in B : 2\omega \ell_t(z) \geq L_0} \ell_t(z)^{\gamma \vee 1 + \varepsilon} \Big).$$

4.4. PHASE 4: BEWEIS VON THEOREM 2.1.7

O.B.d.A. können wir $L_0 > 2\omega$ annehmen. Wir wenden Lemma 4.4.5(a) (für $\gamma \vee 1+\varepsilon$ anstelle von γ) an und erhalten für ein $q > 1$ mit $q(d-2) < d$

$$\Xi_{t,S}^{(1)} \leq \exp\left(c_1 t + c_2 t^{1-1/q} \|\ell_t\|_q\right). \tag{4.40}$$

Wir beachten $\{\operatorname{supp} L_t \subseteq Q_R\} = \{\operatorname{supp} \ell_t \subseteq B\}$. Dank (4.38) und (4.40) können wir nun feststellen, dass

$$\mathbb{E}\Big[\sum_{\substack{S \subseteq B \\ |S| > \tau t}} \Xi_{t,S}^{(1)} \Pi_{t,S,M}^{(1)} \mathbb{1}_{\{\operatorname{supp} L_t \subseteq Q_R\}}\Big]$$
$$\leq \big|\{S \subseteq B : |S| > \tau t\}\big| \operatorname{Prob}(\xi(0) > M)^{\tau t/2} e^{c_1 t} \mathbb{E}\big[\exp\left(c_2 t^{1-1/q} \|\ell_t\|_q\right) \mathbb{1}_{\{\operatorname{supp} \ell_t \subseteq B\}}\big]$$

gilt. Aufgrund von Lemma 4.4.4 gibt es eine Konstante $c_3 > 0$, sodass der Erwartungswert auf der rechten Seite für große t höchstens $\exp(c_3 t)$ ist. Die Anzahl der betrachteten Teilmengen $S \subseteq B$ schätzen wir nach oben durch $2^{|B|} = e^{c_4 t}$ ab. Also haben wir

$$\frac{1}{t} \log \mathbb{E}\Big[\sum_{\substack{S \subseteq B \\ |S| > \tau t}} \Xi_{t,S}^{(1)} \Pi_{t,S,M}^{(1)} \mathbb{1}_{\{\operatorname{supp} L_t \subseteq Q_R\}}\Big] \leq C^{(1)} + \frac{\tau}{2} \log \operatorname{Prob}(\xi(0) > M)$$

für große t mit einer von t und M unabhängigen Konstanten $C^{(1)}$. Es folgt

$$\limsup_{M \to \infty} \limsup_{t \to \infty} \frac{1}{t} \log \mathbb{E}\Big[\sum_{\substack{S \subseteq B \\ |S| > \tau t}} \Xi_{t,S}^{(1)} \Pi_{t,S,M}^{(1)} \mathbb{1}_{\{\operatorname{supp} L_t \subseteq Q_R\}}\Big] = -\infty. \tag{4.41}$$

Betrachten wir nun die zweite Summe in (4.37). Der Erwartungswertterm wird zunächst analog dem ersten Teil umgeformt,

$$\Xi_{t,S}^{(2)} = \Big\langle \exp\Big(2\omega \sum_{z \in S} \xi(z) \ell_t(z)\Big)\Big\rangle^{1/2} = \exp\Big(\frac{1}{2} \sum_{z \in S} H(2\omega \ell_t(z))\Big).$$

Wieder wollen wir (4.39) verwenden und finden für den Teil der Summe, in welchem $2\omega \ell_t(z) < L_0$ gilt, eine obere Schranke der Form $c_1 |S| \leq c_1 \tau t = c_{1,\tau} t$ mit $c_{1,\tau} \to 0$ für $\tau \to 0$. Den restlichen Teil behandeln wir im Anschluss an (4.39) noch mit Hölder, um zu erhalten, dass

$$\Xi_{t,\tau}^{(2)} \leq \exp\Big(c_{1,\tau} t + c_2 \sum_{z \in S : 2\omega \ell_t(z) \geq L_0} \ell_t(z)^{\gamma \vee 1+\varepsilon}\Big)$$
$$= \exp\Big(c_{1,\tau} t + c_2 \sum_{z \in B : 2\omega \ell_t(z) \geq L_0} \mathbb{1}_S(z) \ell_t(z)^{\gamma \vee 1+\varepsilon}\Big)$$
$$\leq \exp\Big(c_{1,\tau} t + c_2 \Big(\sum_{z \in B : 2\omega \ell_t(z) \geq L_0} \mathbb{1}_S(z)\Big)^{1-1/p} \Big(\sum_{z \in B : 2\omega \ell_t(z) \geq L_0} \ell_t(z)^{p(\gamma \vee 1+\varepsilon)}\Big)^{1/p}\Big).$$

Hierbei wählen wir $p > 1$ wie in Lemma 4.4.5(b) (wieder angewandt auf $\gamma \vee 1 + \varepsilon$ anstelle von γ), denn mit dem dort definierten $q > 1$, sodass $q(d-2) < d$, haben wir weiter

$$\begin{aligned}\Xi_{t,S}^{(2)} &\leq \exp\big(c_{1,\tau}t + c_2 |S|^{1-1/p}\, t^{1/p-1/q} \|\ell_t\|_q\big) \\ &\leq \exp\big(c_{1,\tau}t + c_2 \tau^{1-1/p}\, t^{1-1/q} \|\ell_t\|_q\big),\end{aligned}$$

da wir nur diejenigen $S \subseteq B$ betrachten, für die $|S| \leq \tau t$ gilt. Damit können wir nun die zweite Summe in (4.37) abschätzen, wobei wir $\Pi_{t,S,M}^{(2)} \leq 1$ beachten:

$$\mathbb{E}\bigg[\sum_{\substack{S \subseteq B \\ |S| \leq \tau t}} \Xi_{t,S}^{(2)} \Pi_{t,S,M}^{(2)} \mathbb{1}_{\{\mathrm{supp}\,L_t \subseteq Q_R\}}\bigg]$$
$$\leq \big|\{S \subseteq B : |S| \leq \tau t\}\big|\, e^{c_{1,\tau}t} \mathbb{E}\big[\exp\big(c_2 \tau^{1-1/p} t^{1-1/q}\|\ell_t\|_q\big) \mathbb{1}_{\{\mathrm{supp}\,\ell_t \subseteq B\}}\big].$$

Diesmal berechnen wir die Anzahl der betrachteten Teilmengen S etwas genauer. Wir erinnern daran, dass $B = B_{\lfloor Rt^{1/d} \rfloor}$ ist. Daher lässt sich τ unabhängig von t so klein wählen, dass $\tau t < |B|/2$ gilt. Dann folgt

$$\big|\{S \subseteq B : |S| \leq \tau t\}\big| = \sum_{m=0}^{\lfloor \tau t \rfloor} \binom{|B|}{m} \leq (\lfloor \tau t \rfloor + 1)\binom{|B|}{\lfloor \tau t \rfloor}.$$

Mit Hilfe von Stirlings Formel kann man eine Konstante $c_{3,\tau} \to 0$ für $\tau \to 0$ ermitteln, sodass

$$\frac{1}{t}\log\big|\{S \subseteq B : |S| \leq \tau t\}\big| \leq c_{3,\tau}$$

für hinreichend große t erfüllt ist. Lemma 4.4.4 mit $\theta = c_2 \tau^{1-1/p} \to 0$ für $\tau \to 0$ ergibt schließlich

$$\limsup_{t\to\infty} \frac{1}{t}\log \mathbb{E}\bigg[\sum_{\substack{S \subseteq B \\ |S| \leq \tau t}} \Xi_{t,S}^{(2)} \Pi_{t,S,M}^{(2)} \mathbb{1}_{\{\mathrm{supp}\,L_t \subseteq Q_R\}}\bigg] \leq C_\tau^{(2)} \qquad (4.42)$$

für alle $M > 0$, wobei $C_\tau^{(2)}$ für $\tau \to 0$ verschwindet.

Wenn wir nun (4.37) mit Hilfe von (4.41) und (4.42) auswerten, so können wir schlussfolgern, dass

$$\limsup_{M\to\infty}\limsup_{t\to\infty} \frac{1}{t}\log \mathbb{E}\Big[\langle e^{\omega t (L_t, \tilde\xi_t^{(>M)})}\rangle \mathbb{1}_{\{\mathrm{supp}\,L_t \subseteq Q_R\}}\Big] \leq 0$$

für alle $\omega > 0$ gilt. Das heißt, (4.36) ist gezeigt, was den Beweis von Theorem 2.1.7 beendet.

4.4. PHASE 4: BEWEIS VON THEOREM 2.1.7

Beweis der Hilfslemmata. Offen sind noch die zwei Lemmata, die für den Beweis von (4.35) verwendet wurden.

Beweis von Lemma 4.4.4. Das Lemma ergibt sich nahezu direkt aus dem Beweis von [HKM06, Proposition 2.1]. Tatsächlich kann man diesem entnehmen, dass $c_\theta \to 0$ für $\theta \downarrow 0$ existiert, sodass für hinreichend große t

$$\mathbb{E}\left[\exp\left(\theta \alpha_t^{-\frac{d+(2-d)q}{q}} \|\tilde{\ell}_t\|_q\right) \mathbb{1}_{\{\mathrm{supp}\,\tilde{\ell}_t \subseteq B_{\lfloor R\alpha_t \rfloor}\}}\right] \leq e^{c_\theta \frac{t}{\alpha_t^2}} \qquad (4.43)$$

gilt. Dabei sind $\tilde{\ell}_t$ die Lokalzeiten der Standardirrfahrt in stetiger Zeit und $\alpha_t = O(t^{2/(2d+2)-\varepsilon})$ für ein $\varepsilon > 0$. Da wir $\ell_t = \kappa(t)^{-1} \tilde{\ell}_{t\kappa(t)}$ und $\alpha_t = t^{1/d}$ haben, müssen wir überprüfen, ob $t^{1/d} = O((t\kappa(t))^{2/(2d+2)-\varepsilon})$ erfüllt ist. Wegen $\kappa(t) \asymp t^{2/d}$ können wir dies für $\varepsilon < \frac{1}{(d+1)(d+2)}$ bestätigen. Eine Übersetzung in unsere Notationen ergibt dann, wenn wir $\kappa(t) = \kappa^* t^{2/d}(1 + o(1))$ schreiben,

$$\alpha_t^{-\frac{d+(2-d)q}{q}} \|\tilde{\ell}_{t\kappa(t)}\|_q = t^{-\frac{d+(2-d)q}{dq}} \kappa(t) \|\ell_t\|_q = \kappa^* t^{1-1/q} \|\ell_t\|_q (1 + o(1))$$

sowie $t\kappa(t)/\alpha_t^2 = t\kappa^*(1 + o(1))$. Damit wird (4.43) genau zur Behauptung unseres Lemmas, wenn wir θ statt $\theta\kappa^*$ und c_θ statt $c_\theta\kappa^*$ schreiben. □

Beweis von Lemma 4.4.5. (a) Wegen $\gamma < 2$ können wir ein $q > 1$ so wählen, dass $1 + q(\gamma - 2) < 0$ ist. Außerdem finden wir so ein q mit $q(d-2) < d$, da nach Voraussetzung $\gamma < 1 + 2/d$ gilt. Für die Funktion $x \mapsto x^{1/q}$ mit diesem q wenden wir Jensens Ungleichung an, wobei wir beachten, dass ℓ_t/t ein Wahrscheinlichkeitsmaß auf $\mathbb{Z}^d$ ist:

$$\sum_{z \in \mathbb{Z}^d : \ell_t(z) > 1} \ell_t(z)^\gamma = t \sum_{z \in \mathbb{Z}^d : \ell_t(z) > 1} \left[\ell_t(z)^{\gamma - 1}\right]^{q \frac{1}{q}} \frac{\ell_t(z)}{t}$$

$$\leq t^{1-1/q} \bigg(\sum_{z \in \mathbb{Z}^d : \ell_t(z) > 1} \ell_t(z)^{1+q(\gamma-1)}\bigg)^{\frac{1}{q}}. \qquad (4.44)$$

Aufgrund von $1 + q(\gamma - 2) < 0$ und $\ell_t(z) > 1$ haben wir $\ell_t(z)^{1+q(\gamma-1)} \leq \ell_t(z)^q$, daher folgt die Behauptung.

(b) Im Fall $\gamma \leq 1$ können wir $p > 1$ beliebig wählen und setzen $q := p$. Wegen $p\gamma \leq p$ und $\ell_t(z) > 1$ gilt dann $\sum_{z \in \mathbb{Z}^d : \ell_t(z) > 1} \ell_t(z)^{p\gamma} \leq \|\ell_t\|_p^p$.

Sei nun $\gamma > 1$. Wir unterscheiden zwischen $d \leq 2$ und $d > 2$. Falls $d \leq 2$, so wählen wir $p > 1$ mit $p(\gamma - 1) < 1$, was wegen $\gamma < 2$ möglich ist, weiter gibt es dann $\tilde{p} > 1$ mit $\tilde{p}[1 - p(\gamma - 1)] > 1$. Im Fall $d > 2$ finden wir aufgrund von $\gamma < 1 + 2/d$ ein $p > 1$ mit $p(\gamma - 2/d) < 1$. Wegen $d > 2$ gilt dann insbesondere auch $p(\gamma - 1) < 1$. Schließlich ist es durch diese Wahl von p möglich, ein $\tilde{p} > 1$ mit $\tilde{p}[1 - p(\gamma - 1)] > 1$ zu finden, sodass $p\tilde{p} < d/(d-2)$ gilt.

KAPITEL 4. BEWEIS DER ASYMPTOTISCHEN RESULTATE

Fazit: Für alle $d \geq 1$ finden wir $p, \tilde{p} > 1$ mit $\tilde{p}[1 - p(\gamma - 1)] > 1$ und $p\tilde{p}(d-2) < d$. Nun führen wir die Rechnung (4.44) mit $p\gamma$ anstelle von γ und $\tilde{p}$ anstelle q durch und erhalten

$$\sum_{z \in \mathbb{Z}^d : \ell_t(z) > 1} \ell_t(z)^{p\gamma} \leq t^{1-1/\tilde{p}} \Big(\sum_{z \in \mathbb{Z}^d : \ell_t(z) > 1} \ell_t(z)^{1+\tilde{p}(p\gamma-1)} \Big)^{1/\tilde{p}}.$$

Mit $\tilde{p}[1 - p(\gamma-1)] > 1$ und $\ell_t(z) > 1$ gilt $\ell_t(z)^{1+\tilde{p}(p\gamma-1)} \leq \ell_t(z)^{p\tilde{p}}$, also ergibt sich

$$\Big(\sum_{z \in \mathbb{Z}^d : \ell_t(z) > 1} \ell_t(z)^{p\gamma} \Big)^{1/p} \leq t^{1/p - 1/(p\tilde{p})} \|\ell_t\|_{p\tilde{p}}.$$

Setzen wir $q = p\tilde{p}$, so haben wir $q(d-2) < d$ und die Aussage ist bewiesen. □

Kapitel 5

Beweis der Variationsproblemsaussagen

5.1 Das neue Variationsproblem: Beweis von Proposition 2.1.8

Im Folgenden sei $\gamma \neq 1$. Wir betrachten das in Theorem 2.1.4 auftauchende Variationsproblem $\chi_\gamma^{(\mathrm{DB})}(\rho)$. Hierbei verwenden wir die folgenden Bezeichnungen:

$$S(p) = \frac{1}{2} \sum_{\substack{(x,y) \in \mathbb{Z}^d \times \mathbb{Z}^d \\ x \sim y}} \left(\sqrt{p(y)} - \sqrt{p(x)}\right)^2, \quad J_\gamma(p) = -\sum_{x \in \mathbb{Z}^d} \frac{p(x) - p(x)^\gamma}{1 - \gamma}$$

und $F_{\gamma,\rho}(p) = S(p) + \rho J_\gamma(p)$, sodass

$$\chi_\gamma^{(\mathrm{DB})}(\rho) = \inf_{p \in \mathcal{M}_1(\mathbb{Z}^d)} F_{\gamma,\rho}(p), \quad \rho > 0. \tag{5.1}$$

Im Fall $\gamma = 0$ haben wir die Interpretation $J_0(p) = |\operatorname{supp} p| - 1$.

5.1.1 Existenz eines Minimierers

Wir zeigen Proposition 2.1.8(a), wobei unser Vorgehen dem Beweis von [GK09, Lemma 3.2] folgt. Es seien $\rho > 0$ und $\gamma \neq 1$ mit $0 \leq \gamma < \max\{1 + 1/d, 1 + \rho/(2d)\}$ fest. Zunächst setzen wir $\gamma > 0$ voraus, den Fall $\gamma = 0$ behandeln wir später. Wir betrachten eine Folge $(p_n)_{n \in \mathbb{N}}$ von Wahrscheinlichkeitsmaßen mit $\lim_{n \to \infty} F_{\gamma,\rho}(p_n) = \chi_\gamma^{(\mathrm{DB})}(\rho)$ und wollen hieraus eine Folge konstruieren, die straff ist, sodass sich eine schwach konvergente Teilfolge finden lässt. Das geschieht in zwei Schritten. Zunächst beweisen wir für alle $\varepsilon > 0$, dass es ein $R \in \mathbb{N}$ gibt, sodass zu jedem hinreichend großen $n \in \mathbb{N}$ ein $z_n = z_n(\varepsilon) \in \mathbb{Z}^d$ existiert mit

$$\sum_{x \in B_R} p_n(x - z_n) > 1 - \varepsilon.$$

Im zweiten Schritt müssen wir noch eine von ε unabhängige Folge $(\hat{z}_n)_n$ finden, die eine entsprechende Eigenschaft erfüllt. Wegen Shiftinvarianz ist dann $p_n(\cdot - \hat{z}_n)$ die gesuchte Folge.

Beginnen wir mit dem ersten Teil und halten ein $R \in \mathbb{N}$ fest, das wir später noch groß genug wählen müssen. Für dieses R definieren wir die Funktionen $\eta = \mathbb{1}_{B_R}$, $\eta_z = \eta(\cdot - z)$ und $q_{n,z} = p_n \eta_z$ für jedes $z \in \mathbb{Z}^d$. Zur Vorbereitung ein paar kleine Rechnungen, hierbei ist $\|\cdot\|$ die l^1-Norm auf $\mathbb{Z}^d$:

$$\|q_{n,z}\| = \sum_{x \in z + B_R} p_n(x) \leq \|p_n\| = 1, \tag{5.2}$$

$$\sum_{z \in \mathbb{Z}^d} \|q_{n,z}\| = \sum_{z \in \mathbb{Z}^d} \sum_{x \in \mathbb{Z}^d} p_n(x) \mathbb{1}_{B_R}(x - z) = \sum_{x \in \mathbb{Z}^d} p_n(x) \sum_{z \in \mathbb{Z}^d} \mathbb{1}_{x - B_R}(z) = |B_R|, \tag{5.3}$$

$$\sum_{z \in \mathbb{Z}^d} J_\gamma(q_{n,z}) = \frac{1}{1 - \gamma} \Big(\sum_{z \in \mathbb{Z}^d} \sum_{x \in \mathbb{Z}^d} p_n(x)^\gamma \mathbb{1}_{B_R}(x - z) - \sum_{z \in \mathbb{Z}^d} \|q_{n,z}\| \Big)$$

$$= \frac{1}{1 - \gamma} \Big(|B_R| \sum_{x \in \mathbb{Z}^d} p_n(x)^\gamma - |B_R| \Big) = |B_R| J_\gamma(p_n). \tag{5.4}$$

Außerdem gilt das folgende Lemma.

Lemma 5.1.1. *Für alle $R > 0$ und $n \in \mathbb{N}$ gilt*

$$\sum_{z \in \mathbb{Z}^d} S(q_{n,z}) \leq S(\eta) + |B_R| S(p_n). \tag{5.5}$$

Beweis. Wir lassen im Folgenden den Index n weg. Außerdem kürzen wir $g := \sqrt{p}$ ab und beachten $\sqrt{\eta_z} = \eta_z$, d.h. es ist $\sqrt{q_z} = g \eta_z$.

Zunächst haben wir für jedes $z \in \mathbb{Z}^d$ und jedes $x \in \mathbb{Z}^d$

$$\sum_{y \sim x} \left(\sqrt{q_z(y)} - \sqrt{q_z(x)} \right)^2 = \sum_{y \sim x} \big(g(x)(\eta_z(y) - \eta_z(x)) + \eta_z(y)(g(y) - g(x)) \big)^2$$

$$= g(x)^2 \sum_{y \sim 0} \big(\eta_z(x + y) - \eta_z(x) \big)^2 + \sum_{y \sim x} \eta_z(y) \big(g(y) - g(x) \big)^2$$

$$+ 2 \sum_{y \sim x} g(x) \eta_z(y) (\eta_z(y) - \eta_z(x))(g(y) - g(x)),$$

5.1. DAS NEUE VARIATIONSPROBLEM

also

$$\sum_{z\in\mathbb{Z}^d} S(q_z) = \frac{1}{2}\sum_{z\in\mathbb{Z}^d}\sum_{x\in\mathbb{Z}^d}\sum_{y\sim x}\left(\sqrt{q_z(y)} - \sqrt{q_z(x)}\right)^2$$

$$= \frac{1}{2}\sum_{x\in\mathbb{Z}^d} g(x)^2 \sum_{z\in\mathbb{Z}^d}\sum_{y\sim 0}\left(\mathbb{1}_{B_R}(x+y-z) - \mathbb{1}_{B_R}(x-z)\right)^2$$

$$+ \frac{1}{2}\sum_{y\in\mathbb{Z}^d}\sum_{x\sim y}(g(y) - g(x))^2 \sum_{z\in\mathbb{Z}^d}\mathbb{1}_{B_R}(y-z) + \odot,$$

wobei

$$\odot = \sum_{z\in\mathbb{Z}^d}\sum_{x\in\mathbb{Z}^d}\sum_{y\sim x} g(x)\eta_z(y)(\eta_z(y) - \eta_z(x))(g(y) - g(x)).$$

Mit der Indexverschiebung

$$\frac{1}{2}\sum_{z\in\mathbb{Z}^d}\sum_{y\sim 0}\left(\mathbb{1}_{B_R}(x+y-z) - \mathbb{1}_{B_R}(x-z)\right)^2 = \frac{1}{2}\sum_{z\in\mathbb{Z}^d}\sum_{y\sim 0}\left(\mathbb{1}_{B_R}(z+y) - \mathbb{1}_{B_R}(z)\right)^2 = S(\eta)$$

erhalten wir

$$\sum_{z\in\mathbb{Z}^d} S(q_z) = \|g^2\|S(\eta) + S(g^2)|B_R| + \odot.$$

Wegen $\|g^2\| = 1$ müssen wir also nur noch $\odot \leq 0$ zeigen. Tatsächlich lässt sich durch diverse Symmetrieargumente und Indexverschiebungen feststellen, dass

$$\odot = -\sum_{z\in\mathbb{Z}^d}\sum_{x\in\mathbb{Z}^d}\sum_{y\sim 0}(\eta(z+y) - \eta(z))^2(g(x+y) - g(x))^2 \leq 0$$

gilt. Damit ist das Lemma bewiesen. □

Aus (5.5) und (5.4) ergibt sich

$$\sum_{z\in\mathbb{Z}^d}\left(S(q_{n,z}) + \rho J_\gamma(q_{n,z})\right) \leq S(\eta) + |B_R|(S(p_n) + \rho J_\gamma(p_n)) = S(\eta) + |B_R|F_{\gamma,\rho}(p_n).$$

Es sei $\delta > 0$ fest. Aufgrund der Definition der Folge $(p_n)_n$ gilt für alle hinreichend großen $n \in \mathbb{N}$, dass $F_{\gamma,\rho}(p_n) \leq \chi_\gamma^{(\mathrm{DB})}(\rho) + \delta/2$. Außerdem ergibt eine explizite Rechnung $S(\eta) = 2d(2R+1)^{d-1} = 2d|B_R|/(2R+1)$. Wir können daher ein $R \in \mathbb{N}$ finden, sodass $S(\eta) \leq |B_R|\delta/2$ erfüllt ist. Zusammenfassend haben wir

$$\sum_{z\in\mathbb{Z}^d}\left(S(q_{n,z}) + \rho J_\gamma(q_{n,z})\right) \leq |B_R|(\chi_\gamma^{(\mathrm{DB})}(\rho) + \delta).$$

Unter Verwendung von (5.3) können wir das umschreiben zu

$$\sum_{z\in\mathbb{Z}^d}\left(S(q_{n,z}) + \rho J_\gamma(q_{n,z}) - \|q_{n,z}\|(\chi_\gamma^{(\mathrm{DB})}(\rho) + \delta)\right) \leq 0.$$

Folglich muss es wenigstens ein $z_n \in \mathbb{Z}^d$ geben, sodass

$$S(q_{n,z_n}) + \rho J_\gamma(q_{n,z_n}) - \|q_{n,z_n}\|\big(\chi_\gamma^{(\mathrm{DB})}(\rho) + \delta\big) \leq 0. \tag{5.6}$$

Mit der Bezeichnung $N_n := \|q_{n,z_n}\|$ haben wir $S(q_{n,z_n}/N_n) = S(q_{n,z_n})/N_n$ wegen Linearität, für J_γ errechnen wir uns

$$J_\gamma\Big(\frac{q_{n,z_n}}{N_n}\Big) = \frac{1}{1-\gamma}\Big(\frac{1}{N_n^\gamma}\sum_{x\in\mathbb{Z}^d} q_{n,z_n}(x)^\gamma - 1\Big) = N_n^{-\gamma} J_\gamma(q_{n,z_n}) + \frac{N_n^{1-\gamma} - 1}{1-\gamma}.$$

Die Ungleichung (5.6) wird damit zu

$$\chi_\gamma^{(\mathrm{DB})}(\rho) + \delta \geq \frac{S(q_{n,z_n})}{N_n} + \rho \frac{J_\gamma(q_{n,z_n})}{N_n} = S\Big(\frac{q_{n,z_n}}{N_n}\Big) + \rho N_n^{\gamma-1} J_\gamma\Big(\frac{q_{n,z_n}}{N_n}\Big) - \rho \frac{1 - N_n^{\gamma-1}}{1-\gamma}. \tag{5.7}$$

Wir betrachten zuerst den Fall $\gamma < 1$. Hier können wir $N_n^{\gamma-1} \geq 1$ abschätzen, denn wegen (5.2) gilt $N_n \leq 1$. Da $q_{n,z_n}/N_n \in \mathcal{M}_1(\mathbb{Z}^d)$, muss $S(q_{n,z_n}/N_n) + \rho J_\gamma(q_{n,z_n}/N_n) \geq \chi_\gamma^{(\mathrm{DB})}(\rho)$ gelten. Also erhalten wir

$$\delta \geq -\rho \frac{1 - N_n^{\gamma-1}}{1-\gamma} \quad \text{bzw.} \quad N_n \geq \Big(1 + \frac{1-\gamma}{\rho}\delta\Big)^{1/(\gamma-1)}.$$

Zu gegebenem $\varepsilon > 0$ wählen wir jetzt $\delta > 0$ so klein, dass die rechte Seite größer als $1 - \varepsilon$ wird. Wegen (5.2) gilt $N_n = \|q_{n,z_n}\| = \sum_{x\in B_R} p_n(x - z_n)$, somit haben wir gezeigt, dass

$$\forall \varepsilon > 0\ \exists R = R(\varepsilon) \in \mathbb{N}\ \forall n\ \text{groß}\ \exists z_n = z_n(\varepsilon) \in \mathbb{Z}^d: \sum_{x\in B_R} p_n(x - z_n) > 1 - \varepsilon. \tag{5.8}$$

Im Fall $\gamma > 1$ haben zunächst das folgende Lemma.

Lemma 5.1.2. *Sei $\gamma > 1$. Dann ist $\chi_\gamma^{(\mathrm{DB})}(\rho) \leq \rho/(\gamma-1)$. In den Fällen $\gamma < 1 + 1/d$ sowie $\gamma < 1 + \rho/(2d)$ ist die Ungleichung strikt.*

Beweis. Wir betrachten als potentielle Minimiererfolge die Gleichverteilungen auf der Box B_R, also $p_R(z) = \frac{1}{(2R+1)^d}\mathbb{1}_{B_R}(z)$ für $R \in \mathbb{N}$. Für diese gilt

$$F_{\gamma,\rho}(p_R) = \frac{2d}{2R+1} + \frac{\rho}{\gamma-1}\big(1 - (2R+1)^{d(1-\gamma)}\big) \to \frac{\rho}{\gamma-1}$$

für $R \to \infty$. Daher ist $\chi_\gamma^{(\mathrm{DB})}(\rho) \leq \rho/(\gamma-1)$. Weiterhin gilt $F_{\gamma,\rho}(p_R) < \rho/(\gamma-1)$ genau dann, wenn $(2R+1)^{1+d(1-\gamma)} > 2d(\gamma-1)/\rho$. Für $\gamma < 1 + 1/d$ ist der Exponent $1 + d(1-\gamma)$ positiv, d.h. $\chi_\gamma^{(\mathrm{DB})}(\rho) \leq F_{\gamma,\rho}(p_{R_0}) < \rho/(\gamma-1)$ für ein $R_0 > 0$. Ferner wissen wir $\chi_\gamma^{(\mathrm{DB})}(\rho) \leq F_{\gamma,\rho}(\delta_0) = 2d$, sodass im Fall $\gamma < 1 + \rho/(2d)$ die Ungleichung $\chi_\gamma^{(\mathrm{DB})}(\rho) < \rho/(\gamma-1)$ folgt. $\square$

5.1. DAS NEUE VARIATIONSPROBLEM

Nun formen wir Ungleichung (5.7) für $\gamma > 1$ weiter um:

$$\chi_\gamma^{(\mathrm{DB})}(\rho) + \delta \geq N_n^{\gamma-1}\left[S\left(\frac{q_{n,z_n}}{N_n}\right) + \rho J_\gamma\left(\frac{q_{n,z_n}}{N_n}\right)\right] + (1 - N_n^{\gamma-1})\left[\frac{\rho}{\gamma-1} + S\left(\frac{q_{n,z_n}}{N_n}\right)\right],$$

also

$$\delta \geq (1 - N_n^{\gamma-1})\left[\frac{\rho}{\gamma-1} - \chi_\gamma^{(\mathrm{DB})}(\rho) + S\left(\frac{q_{n,z_n}}{N_n}\right)\right].$$

Wir beachten $S(q_{n,z_n}/N_n) \geq 0$, ferner können wir wegen Lemma 5.1.2 und unserer Annahme $\gamma < \max\{1+1/d, 1+\rho/(2d)\}$ durch $\rho/(\gamma-1) - \chi_\gamma^{(\mathrm{DB})}(\rho)$ teilen und erhalten

$$N_n \geq \left(1 - \frac{\delta}{\rho/(\gamma-1) - \chi_\gamma^{(\mathrm{DB})}(\rho)}\right)^{1/(\gamma-1)}.$$

Die restliche Argumentation folgt analog dem Fall $\gamma < 1$, also gilt (5.8) für alle betrachteten γ.

Nun zu Schritt 2, in dem wir ein entsprechendes Ergebnis für eine von ε unabhängige Folge $(\hat{z}_n)_n$ finden wollen. Diese definieren wir durch $\hat{z}_n := z_n(1/4)$, d.h. für $\varepsilon = 1/4$ und zugehöriges $R(1/4)$, sodass (5.8) erfüllt ist:

$$\|p_n \mathbb{1}_{\hat{z}_n + B_{R(1/4)}}\| > 3/4.$$

Sei nun $\varepsilon \in (0, 1/4)$ beliebig. Wir setzen $\hat{R} := R(1/4) + 2R(\varepsilon)$ und behaupten, dass

$$\forall n \text{ groß:} \quad \sum_{x \in B_{\hat{R}}} p_n(x - \hat{z}_n) > 1 - \varepsilon,$$

womit dann die Straffheit der Folge $(p_n(\,\cdot\, - \hat{z}_n))$ gezeigt ist.

Wegen $\varepsilon < 1/4$ haben wir $\|p_n \mathbb{1}_{\hat{z}_n + B_{R(1/4)}}\| > 3/4 > 1 - \varepsilon$. Andererseits ist auch $\|p_n \mathbb{1}_{z_n(\varepsilon) + B_{R(\varepsilon)}}\| > 1 - \varepsilon$. Wegen $\|p_n\| = 1$ müssen $\hat{z}_n + B_{R(1/4)}$ und $z_n(\varepsilon) + B_{R(\varepsilon)}$ daher einen nichtleeren Durchschnitt haben. Insbesondere ist die Box $z_n(\varepsilon) + B_{R(\varepsilon)}$ in der Box $\hat{z}_n + B_{\hat{R}}$ enthalten, wie die Abbildung in [G07, Seite 57] verdeutlicht. Hieraus folgt

$$\|p_n \mathbb{1}_{\hat{z}_n + B_{\hat{R}}}\| \geq \|p_n \mathbb{1}_{z_n(\varepsilon) + B_{R(\varepsilon)}}\| > 1 - \varepsilon,$$

was zu zeigen war.

O.B.d.A. sei nun $(p_n)_n$ die Folge mit $\lim_{n \to \infty} F_{\gamma,\rho}(p) = \chi_\gamma^{(\mathrm{DB})}(\rho)$, für welche Straffheit gilt. Sie hat also eine schwach konvergente Teilfolge mit Grenzwert $p \in \mathcal{M}_1(\mathbb{Z}^d)$. Zu zeigen ist noch $\liminf_{n \to \infty} F_{\gamma,\rho}(p_n) \geq F_{\gamma,\rho}(p)$, d.h. die Unterhalbstetigkeit von $F_{\gamma,\rho} = S + \rho J_\gamma$. Da sowohl die Summanden in der Dirichlet-Form $S(p)$ als auch in der Funktion J_γ nichtnegativ sind, impliziert Fatous Lemma diese Aussage. Damit ergibt sich, dass p ein Minimierer von $F_{\gamma,\rho}$ ist.

Schließlich behandeln wir noch den Fall $\gamma = 0$. Dann ist

$$F_{0,\rho}(p) = S(p) + \rho(|\operatorname{supp} p| - 1).$$

112   KAPITEL 5. BEWEIS DER VARIATIONSPROBLEMSAUSSAGEN

Für eine Folge $(p_n)_n$ von approximativen Minimierern können wir daher o.B.d.A. voraussetzen, dass die Folge $(|\operatorname{supp} p_n|)_n$ beschränkt ist. Damit gilt Straffheit und wir finden eine schwach konvergente Teilfolge, die wir wieder mit $(p_n)_n$ bezeichnen; ihr Grenzwert sei $p \in \mathcal{M}_1(\mathbb{Z}^d)$. Sei $B = \liminf_{n \to \infty} \operatorname{supp} p_n \subseteq \mathbb{Z}^d$. Wir behaupten $\operatorname{supp} p \subseteq B$ und $\liminf_{n \to \infty} |\operatorname{supp} p_n| \geq |B|$, woraus die Unterhalbstetigkeit von $p \mapsto |\operatorname{supp} p|$ folgt. Die erste Aussage ist klar, da für $z \in \operatorname{supp} p$ und $0 < \varepsilon < p(z)$ folgt, dass $p_n(z) > p(z) - \varepsilon > 0$ für alle hinreichend großen n gilt. Für die zweite Aussage beachten wir, dass $(|\operatorname{supp} p_n|)_n$ beschränkt ist, also ist B eine endliche Menge. Folglich gilt für alle genügend großen n und alle $z \in B$, dass $z \in \operatorname{supp} p_n$ ist, und somit folgt $\liminf_{n \to \infty} |\operatorname{supp} p_n| \geq |B|$. Also ist $F_{0,\rho}$ unterhalbstetig und p ein Minimierer.

5.1.2 Träger eines Minimierers

Wir zeigen nun Proposition 2.1.8(b). Die Aussage, dass im Fall $\gamma > 1/2$ der Träger des Minimierers von $F_{\gamma,\rho}$ der ganze $\mathbb{Z}^d$ ist, wird genauso wie die entsprechende Aussage für $\chi_\gamma^{(\mathrm{DE})}(\rho)$ in [GH99, Seite 44f] bewiesen. Mit einer ähnlichen Idee zeigen wir, dass für $\gamma \leq 1/2$ der Träger endlich ist.

Wir werden im Folgenden mehrfach die Taylorentwicklung $(1+\eta)^a = 1 + a\eta + o(\eta)$ für $\eta \to 0$ und $a > 0$ verwenden.

Sei als Erstes $\gamma > 1/2$ und sei p ein Minimierer von $F_{\gamma,\rho}$. Angenommen, es existiert ein $x_0 \in \mathbb{Z}^d$ mit $p(x_0) = 0$. Wir wählen dieses x_0 so, dass für wenigstens einen seiner $2d$ Nachbarn $p(y) > 0$ gilt. Für ein beliebiges $\varepsilon \in (0,1)$ definieren wir ein Wahrscheinlichkeitsmaß p_ε auf $\mathbb{Z}^d$ via $p_\varepsilon(x_0) = \varepsilon$ und $p_\varepsilon(x) = (1-\varepsilon)p(x)$ für $x \neq x_0$. Wir betrachten die Differenz $F_{\gamma,\rho}(p_\varepsilon) - (1-\varepsilon)F_{\gamma,\rho}(p)$. Für die $S(p)$-Terme können wir aus der entsprechenden Rechnung in [GH99] erkennen, dass ihre Differenz negativ und von Größenordnung $(\varepsilon(1-\varepsilon))^{1/2}$ für $\varepsilon \to 0$ ist. Für unsere Funktion J_γ haben wir (unter Beachtung von $p_\varepsilon, p \in \mathcal{M}_1(\mathbb{Z}^d)$ und $p(x_0) = 0$)

$$J_\gamma(p_\varepsilon) - (1-\varepsilon)J_\gamma(p) = \frac{1}{1-\gamma}\Big(\varepsilon^\gamma - \varepsilon + \big((1-\varepsilon)^\gamma - (1-\varepsilon)\big)\sum_{x \neq x_0} p(x)^\gamma\Big)$$

$$= \frac{1}{1-\gamma}\Big(\varepsilon^\gamma - \varepsilon + (1-\gamma)\varepsilon \sum_{z \in \mathbb{Z}^d} p(z)^\gamma + o(\varepsilon)\Big).$$

Wegen $\gamma > 1/2$ sind hier alle Terme von Größenordnungen, die schneller gegen Null konvergieren als $(\varepsilon(1-\varepsilon))^{1/2}$, was bedeutet, dass für kleine ε die Gesamtdifferenz $F_{\gamma,\rho}(p_\varepsilon) - (1-\varepsilon)F_{\gamma,\rho}(p)$ negativ ist. Das kann aber nicht sein, da p ein Minimierer ist. Also gilt $p(x) > 0$ für alle $x \in \mathbb{Z}^d$.

Sei nun $\gamma \leq 1/2$ und p wieder ein Minimierer von $F_{\gamma,\rho}$. Falls $\gamma = 0$, so erkennt man bereits an der Definition des Variationsproblems $\chi_0^{(\mathrm{DB})}(\rho)$, dass der Träger eines Minimierers endlich sein muss. Wir betrachten also nur den Fall $\gamma > 0$. Angenommen,

5.2. KONVERGENZ DER VARIATIONSFORMELN   113

der Träger ist unbeschränkt. Dann gibt es eine Folge $(x_n)_{n\in\mathbb{N}}$ mit gegen Unendlich konvergierender l^1-Norm, sodass $p(x_n) > 0$ für alle n gilt. Da $p \in \mathcal{M}_1(\mathbb{Z}^d)$ ist, haben wir $\lim_{n\to\infty} p(x_n) = 0$. Wegen Shiftinvarianz können wir $p(0) > 0$ annehmen. Wir definieren für große $N \in \mathbb{N}$ ein Wahrscheinlichkeitsmaß p_N durch $p_N(x_N) = 0$, $p_N(0) = p(0) + p(x_N)$ und $p_N(x) = p(x)$ sonst. Dann haben wir

$$S(p_N) - S(p) = \sum_{y \sim 0} \left(\left(\sqrt{p(0) + p(x_N)} - \sqrt{p(y)} \right)^2 - \left(\sqrt{p(0)} - \sqrt{p(y)} \right)^2 \right)$$
$$+ \sum_{y \sim x_N} \left(p(y) - \left(\sqrt{p(x_N)} - \sqrt{p(y)} \right)^2 \right)$$
$$= 2\left(1 - \sqrt{1 + p(x_N)/p(0)} \right) \sqrt{p(0)} \sum_{y \sim 0} \sqrt{p(y)}$$
$$+ 2\sqrt{p(x_N)} \sum_{y \sim x_N} \sqrt{p(y)}$$
$$= -\frac{p(x_N)}{\sqrt{p(0)}} \sum_{y \sim 0} \sqrt{p(y)} + o(p(x_N)) + 2\sqrt{p(x_N)} \sum_{y \sim x_N} \sqrt{p(y)},$$
$$J_\gamma(p_N) - J_\gamma(p) = \frac{1}{1-\gamma} \left((p(0) + p(x_N))^\gamma - p(x_N)^\gamma - p(0)^\gamma \right)$$
$$= \frac{1}{1-\gamma} \left(\gamma p(0)^{\gamma-1} p(x_N) + o(p(x_N)) - p(x_N)^\gamma \right).$$

Die Differenz der J_γ ist von Größenordnung $p(x_N)^\gamma \preceq \sqrt{p(x_N)}$ und negativ wegen $\gamma \leq 1/2$. In der Differenz $S(p_N) - S(p)$ konvergieren alle Terme schneller als $\sqrt{p(x_N)}$ gegen Null (man beachte, dass $\sum_{y \sim x_N} \sqrt{p(y)} \to 0$ für $N \to \infty$). Daher ist die Gesamtdifferenz für große N negativ, d.h. wir haben $F_{\gamma,\rho}(p_N) < F_{\gamma,\rho}(p)$, was wieder zum Widerspruch führt.

5.2 Konvergenz der Variationsformeln

In diesem Abschnitt geben wir die Beweise zu den Propositionen 2.1.9–2.1.11 sowie eine Heuristik für Bemerkung 2.1.12.

5.2.1 γ-Konvergenz: Beweis von Proposition 2.1.9

Wir verwenden wieder die Bezeichnungen vor (5.1) und definieren entsprechend

$$J_1(p) = -\sum_{x \in \mathbb{Z}^d} p(x) \log p(x), \quad F_{1,\rho}(p) = S(p) + \rho J_1(p),$$

sodass
$$\chi^{(\text{DE})}(\rho) = \inf_{p \in \mathcal{M}_1(\mathbb{Z}^d)} F_{1,\rho}(p), \quad \rho > 0. \tag{5.9}$$

KAPITEL 5. BEWEIS DER VARIATIONSPROBLEMSAUSSAGEN

Im Folgenden sei $\rho > 0$ fest. Wir zeigen erstens
$$\chi_\gamma^{(\mathrm{DB})}(\rho) \geq \chi^{(\mathrm{DE})}(\rho) \quad \text{für alle } \gamma < 1 \quad \text{bzw.} \quad \chi_\gamma^{(\mathrm{DB})}(\rho) \leq \chi^{(\mathrm{DE})}(\rho) \quad \text{für alle } \gamma > 1 \tag{5.10}$$
und zweitens
$$\lim_{\gamma \to 1} F_{\gamma,\rho}(p) = F_{1,\rho}(p) \quad \text{für alle Minimierer } p \in \mathcal{M}_1(\mathbb{Z}^d) \text{ von } F_{1,\rho}. \tag{5.11}$$
Hieraus folgt der Beweis von Proposition 2.1.9.

Die erste Aussage zeigen wir genauso wie im Beweis von [HKM06, Proposition 1.16]. Aus der für alle $\theta \in \mathbb{R}$ geltenden Ungleichung $e^\theta - 1 \geq \theta$ schlussfolgern wir für $\gamma < 1$
$$-\frac{y - y^\gamma}{1 - \gamma} = y \frac{e^{(\gamma-1)\log y} - 1}{1 - \gamma} \geq -y \log y \quad \text{für alle } y > 0$$
und damit
$$J_\gamma(p) = -\sum_{z \in \mathbb{Z}^d} \frac{p(z) - p(z)^\gamma}{1 - \gamma} \geq -\sum_{z \in \mathbb{Z}^d} p(z) \log p(z) = J_1(p)$$
für alle $p \in \mathcal{M}_1(\mathbb{Z}^d)$. Daraus folgt (5.10) für $\gamma < 1$. Für $\gamma > 1$ ergibt sich wegen $1 - \gamma < 0$ entsprechend die andere Ungleichung.

Die Beziehung (5.11) können wir leider nicht so einfach herleiten wie im stetigen Fall, wo der Minimierer des Variationsproblems mit $\gamma = 1$ explizit bekannt ist. Stattdessen verwenden wir die folgende Beobachtung:
$$\lim_{\gamma \to 1} \frac{y - y^\gamma}{1 - \gamma} = y \log y, \quad y > 0.$$
Nun brauchen wir noch eine summierbare Majorante, um hieraus
$$\lim_{\gamma \to 1} \sum_{z \in \mathbb{Z}^d} \left(-\frac{p(z) - p(z)^\gamma}{1 - \gamma} \right) = \sum_{z \in \mathbb{Z}^d} (-p(z) \log p(z))$$
und damit die zweite Aussage schlussfolgern zu können.

Für $\gamma > 1$ ist, wie soeben gezeigt, $(p - p^\gamma)/(\gamma - 1) \leq -p \log p$. Da p ein Minimierer von $F_{1,\rho}$ ist, ist diese Majorante tatsächlich summierbar. Im Fall $\gamma < 1$ beachten wir, dass die Funktion $\gamma \mapsto (p^\gamma - p)/(1 - \gamma)$ monoton fallend ist. Es reicht, $1/2 < \gamma < 1$ zu betrachten, und für diese γ schätzen wir jeden Summanden nach oben gegen $(\sqrt{p} - p)/(1 - \gamma) \leq \sqrt{p}/(1 - \gamma)$ ab. Um zu zeigen, dass $\sqrt{p}$ summierbar ist, verwenden wir wieder, dass p ein Minimierer von $F_{1,\rho}$ ist, und verweisen auf [GH99, Proposition 3(2) und Gleichung (0.9)]. Demzufolge gilt für $|z| \to \infty$, wobei $|z| = |z_1| + \cdots + |z_d|$, $z = (z_1, \ldots, z_d)$:
$$\sqrt{p(z)} = \prod_{i=1}^d \exp\left(-|z_i| \log|z_i|(1 + o(1))\right).$$

5.2. KONVERGENZ DER VARIATIONSFORMELN

Sei $|z_{\max}| = \max\{|z_1|,\ldots,|z_d|\}$. Wegen $|z| \to \infty$ können wir $\log|z_{\max}|(1+o(1)) > 1$ abschätzen und erhalten $\sqrt{p(z)} \le \exp(-|z_{\max}|\log|z_{\max}|) \le \exp(-|z_{\max}|)$. Da es zu $R > 0$ nur $O(R^d)$ Elemente $z \in \mathbb{Z}^d$ mit $|z_{\max}| = R$ gibt, folgt

$$\sum_{z\in\mathbb{Z}^d} \sqrt{p(z)} = \sum_{R\in\mathbb{N}_0} \sum_{\substack{z\in\mathbb{Z}^d \\ |z_{\max}|=R}} \sqrt{p(z)} \le C \sum_{R\in\mathbb{N}_0} R^d e^{-R} < \infty,$$

also haben wir auch für $\gamma < 1$ eine summierbare Majorante gefunden.

5.2.2 Diskret zu stetig: Beweis von Proposition 2.1.10

Der Zusammenhang zwischen dem diskreten Variationsproblem $\chi^{(\text{DE})}$ und seiner stetigen Entsprechung $\chi^{(\text{FB})}$ wurde schon in [HKM06] hergestellt und soll hier nur kurz wiederholt werden. Dagegen ist die Konvergenz von $\chi_\gamma^{(\text{DB})}$ zu $\chi_\gamma^{(\text{B})}$ technisch wesentlich aufwändiger und basiert auf dem Beweis von [HKM06, Formel (5.3)].

Beweis für $\gamma = 1$. In [GH99, Proposition 3 bzw. die folgende Bemerkung] wurde gezeigt:

$$\chi^{(\text{DE})}(\rho) = 2d\frac{\rho}{4}\Big(\log\frac{\pi e^2}{\rho} + o(1)\Big) = \rho d\Big(1 - \frac{1}{2}\log\frac{\rho}{\pi} + o(1)\Big), \quad \rho \to 0.$$

Weiter sagt uns [HKM06, Seite 313], dass

$$\chi^{(\text{FB})}(\rho) = \rho d\Big(1 - \frac{1}{2}\log\frac{\rho}{\pi}\Big). \tag{5.12}$$

Und tatsächlich gilt dann für $\kappa \to \infty$ (und folglich $\rho/\kappa \to 0$)

$$\kappa \chi^{(\text{DE})}\Big(\frac{\rho}{\kappa}\Big) = \rho d\Big(1 - \frac{1}{2}\log\frac{\rho}{\kappa\pi} + o(1)\Big) = \chi^{(\text{FB})}(\rho) + \rho\frac{d}{2}\log\kappa + o(1).$$

Beweis für $\gamma \ne 1$ – Teil I: Vorbereitung. Zur Erinnerung hier die betrachteten Variationsprobleme:

$$\chi_\gamma^{(\text{DB})}(\rho) = \inf_{p\in\mathcal{M}_1(\mathbb{Z}^d)} \big\{ S(p) + \rho J_\gamma(p) \big\},$$

$$\chi_\gamma^{(\text{B})}(\rho) = \inf_{\substack{g\in H^1(\mathbb{R}^d) \\ \|g\|_2=1}} \Big\{ \int_{\mathbb{R}^d} |\nabla g|^2 - \rho \int_{\mathbb{R}^d} \frac{g^2 - g^{2\gamma}}{1-\gamma} \Big\},$$

wobei $S(p)$ in (3.29) definiert ist und

$$J_\gamma(p) = -\sum_{z\in\mathbb{Z}^d} \frac{p(z) - p(z)^\gamma}{1-\gamma} = \frac{1}{1-\gamma}\sum_{z\in\mathbb{Z}^d} p(z)^\gamma - \frac{1}{1-\gamma}, \quad p \in \mathcal{M}_1(\mathbb{Z}^d).$$

116 **KAPITEL 5. BEWEIS DER VARIATIONSPROBLEMSAUSSAGEN**

Im Fall $\gamma = 0$ ist $\sum p^\gamma = |\operatorname{supp} p|$ und $\int_{\mathbb{R}^d} g^{2\gamma} = |\operatorname{supp} g|$.

Wir vereinfachen zunächst die zu beweisende Aussage. Hierzu definieren wir

$$\hat{\chi}_\gamma^{(\mathrm{DB})}(\rho) := \chi_\gamma^{(\mathrm{DB})}(\rho) + \frac{\rho}{1-\gamma} \quad \text{und} \quad \hat{\chi}_\gamma^{(\mathrm{B})}(\rho) := \chi_\gamma^{(\mathrm{B})}(\rho) + \frac{\rho}{1-\gamma}.$$

Dann ist (2.11) äquivalent zu

$$\lim_{\kappa \to \infty} \kappa^{1-d\nu} \hat{\chi}_\gamma^{(\mathrm{DB})}\left(\frac{\rho}{\kappa}\right) = \hat{\chi}_\gamma^{(\mathrm{B})}(\rho), \tag{5.13}$$

denn aus (5.13) folgt

$$\kappa^{1-d\nu} \chi_\gamma^{(\mathrm{DB})}\left(\frac{\rho}{\kappa}\right) = \kappa^{1-d\nu} \hat{\chi}_\gamma^{(\mathrm{DB})}\left(\frac{\rho}{\kappa}\right) - \kappa^{-d\nu}\frac{\rho}{1-\gamma} = \hat{\chi}_\gamma^{(\mathrm{B})}(\rho) - \kappa^{-d\nu}\frac{\rho}{1-\gamma} + o(1)$$
$$= \chi_\gamma^{(\mathrm{B})}(\rho) + \rho\frac{1-\kappa^{-d\nu}}{1-\gamma} + o(1), \quad \kappa \to \infty.$$

Unser Ziel ist also, Gleichung (5.13) zu beweisen.

Beweis für $\gamma \neq 1$ – Teil II: die untere Schranke. Die Aussage der Konvergenz der diskreten Variationsformel gegen die stetige spielt nicht nur in Proposition 2.1.10 eine Rolle, sondern auch im Beweis der oberen Schranke von Theorem 2.1.6. Dort reicht es, die Variationsprobleme mit Nullrandbedingungen zu betrachten. Der entsprechende Schritt wurde in Proposition 3.4.7 vollzogen. Wir können hier die wesentlichen (finiten) Elemente dieses Beweises übernehmen, müssen aber zunächst unsere Minimiererfolge kompaktifizieren. Dies geschieht durch Periodisierung. Um am Ende einen potentiellen Minimierer aus dem $H^1(\mathbb{R}^d)$ zu erhalten, bedienen wir uns der Abschneidetechnik aus [DV75, Lemma 3.5]. Die hierfür nötigen Formeln haben wir bereits in Abschnitt 3.4.3 gesammelt.

Es sei $a_\kappa = \kappa^{(1-d\nu)/2} = \kappa^{1/(2+d(1-\gamma))} \to \infty$ für $\kappa \to \infty$ wegen $\gamma < 1 + 2/d$. Wir zeigen nun die folgende Variante von Proposition 3.4.7, welche die untere Schranke von (5.13) ist.

Proposition 5.2.1. *Es gilt für alle $\rho > 0$*

$$\liminf_{\kappa \to \infty} a_\kappa^2 \hat{\chi}_\gamma^{(\mathrm{DB})}\left(\frac{\rho}{a_\kappa^{2+d(1-\gamma)}}\right) \geq \hat{\chi}_\gamma^{(\mathrm{B})}(\rho).$$

Beweis. Der Beweis erfolgt in fünf Schritten.

Der erste Schritt. Seien $\kappa_n \to \infty$ und $(p_n)_{n \in \mathbb{N}}$ Folgen aus $\mathbb{R}^+$ bzw. $\mathcal{M}_1(\mathbb{Z}^d)$ mit

$$\liminf_{\kappa \to \infty} a_\kappa^2 \hat{\chi}_\gamma^{(\mathrm{DB})}\left(\frac{\rho}{a_\kappa^{2+d(1-\gamma)}}\right) = \lim_{n \to \infty} a_{\kappa_n}^2 \left\{ S(p_n) + \frac{\rho}{a_{\kappa_n}^{2+d(1-\gamma)}(1-\gamma)} \sum_{z \in \mathbb{Z}^d} p_n(z)^\gamma \right\}.$$

5.2. KONVERGENZ DER VARIATIONSFORMELN

Wir schreiben im Folgenden $a_n := a_{\kappa_n}$. Analog zu Schritt 1 im Beweis von Proposition 3.4.7 können wir o.B.d.A. davon ausgehen, dass

$$\sup_{n \in \mathbb{N}} a_n^2 S(p_n) < \infty \tag{5.14}$$

gilt.

Wir zeigen zuerst den Spezialfall $\gamma = 0$. Hier können wir $\sup_{n \in \mathbb{N}} |\operatorname{supp} p_n| < \infty$ annehmen, denn sonst wäre der betrachtete Grenzwert unendlich und die Aussage trivial. Also gibt es ein $R^* > 0$ mit $\operatorname{supp} p_n \subseteq B_{\lfloor R^* a_n \rfloor}$ für alle $n \in \mathbb{N}$. Für dieses R^* können wir alle Schritte des Beweises von Proposition 3.4.7 durchführen und es folgt

$$\liminf_{\kappa \to \infty} a_\kappa^2 \hat{\chi}_0^{(\mathrm{DB})} \left(\frac{\rho}{a_\kappa^{2+d}} \right) \geq \hat{\chi}_0^{(\mathrm{B}),0}(\rho, R^*) \geq \hat{\chi}_0^{(\mathrm{B})}(\rho).$$

In diesem Fall sind wir also fertig. Im Folgenden betrachten wir ausschließlich $\gamma > 0$.

Schritt 2: Periodisierung. Sei $R > 0$. O.B.d.A. nehmen wir $Ra_n \in \mathbb{N}$ für alle $n \in \mathbb{N}$ an. Für $z \in B_{Ra_n}$ definieren wir

$$p_n^R(z) = \sum_{k \in (2Ra_n+1)\mathbb{Z}^d} p_n(z+k).$$

Wegen Lemma 3.4.3 gilt $p_n^R \in \mathcal{M}_1(B_{Ra_n})$ und $S^{\pi,Ra_n}(p_n^R) \leq S(p_n)$, dabei ist S^{π,Ra_n} die in (3.14) definierte Version von S auf der Box B_{Ra_n} mit periodischen Randbedingungen. Aus dem Beweis von Proposition 4.2.2(a) ergibt sich weiterhin

$$\frac{1}{1-\gamma} \sum_{z \in B_{Ra_n}} (p_n^R(z))^\gamma \leq \frac{1}{1-\gamma} \sum_{z \in \mathbb{Z}^d} (p_n(z))^\gamma \tag{5.15}$$

für alle γ. Wir werden im Folgenden zeigen, dass

$$\liminf_{R \to \infty} \liminf_{n \to \infty} a_n^2 \left\{ S^{\pi,Ra_n}(p_n^R) + \frac{\rho}{1-\gamma} a_n^{-2-d(1-\gamma)} \sum_{z \in B_{Ra_n}} (p_n^R(z))^\gamma \right\} \geq \hat{\chi}_\gamma^{(\mathrm{B})}(\rho) \tag{5.16}$$

gilt, denn hieraus folgt

$$\liminf_{\kappa \to \infty} a_\kappa^2 \hat{\chi}_\gamma^{(\mathrm{DB})} \left(\frac{\rho}{a_\kappa^{2+d(1-\gamma)}} \right) = \lim_{n \to \infty} a_n^2 \left\{ S(p_n) + \frac{\rho}{1-\gamma} a_n^{-2-d(1-\gamma)} \sum_{z \in \mathbb{Z}^d} p_n(z)^\gamma \right\}$$

$$\geq \liminf_{R \to \infty} \liminf_{n \to \infty} a_n^2 \left\{ S^{\pi,Ra_n}(p_n^R) + \frac{\rho}{1-\gamma} a_n^{-2-d(1-\gamma)} \sum_{z \in B_{Ra_n}} (p_n^R(z))^\gamma \right\} \geq \hat{\chi}_\gamma^{(\mathrm{B})}(\rho),$$

was zu beweisen ist.

Wegen $S^{\pi,Ra_n}(p_n^R) \leq S(p_n)$ überträgt sich die Ungleichung (5.14) auf die periodisierte Version, d.h. wir können im Folgenden annehmen, dass

$$\sup_{n \in \mathbb{N}} a_n^2 S^{\pi,Ra_n}(p_n^R) < \infty \tag{5.17}$$

gilt.

Schritt 3: Lineare Interpolation. Wir führen Schritt 2 des Beweises von Proposition 3.4.7 durch, und zwar für die periodisierten Wahrscheinlichkeitsmaße p_n^R. Hierbei müssen wir auf der Box $Q_R^{(n)} := [-R, R + a_n^{-1})^d$ arbeiten und die Treppenfunktion $h_n = \sqrt{a_n^d p_n^R(\lfloor a_n \cdot \rfloor)}$ entsprechend periodisch fortsetzen. Mit den so angepassten Randbedingungen erhalten wir eine Folge von $\mathrm{H}^1(Q_R^{(n)})$-Funktionen $(g_n)_n$, deren Gradienten analog zu (3.63)

$$\int_{Q_R^{(n)}} |\nabla g_n(x)|^2 \mathrm{d}x = a_n^2 S^{\pi, Ra_n}(p_n^R) \tag{5.18}$$

erfüllen. Wegen (5.17) gibt es eine (von n und R unabhängige) Konstante c so, dass

$$\int_{Q_R^{(n)}} |\nabla g_n(x)|^2 \mathrm{d}x \leq c \tag{5.19}$$

gilt. Für die $\mathrm{L}^2(Q_R^{(n)})$-Norm folgt aus analoger Rechnung zum Beweis von (3.66)

$$\|(g_n - h_n)\mathbb{1}_{Q_R^{(n)}}\|_2^2 \leq d a_n^{-2} \int_{Q_R^{(n)}} |\nabla g_n(x)|^2 \mathrm{d}x.$$

Wegen $\|h_n \mathbb{1}_{Q_R^{(n)}}\|_2 = 1$ und (5.19) haben wir also

$$\left| \|g_n \mathbb{1}_{Q_R^{(n)}}\|_2 - 1 \right| \leq \|(g_n - h_n)\mathbb{1}_{Q_R^{(n)}}\|_2 \leq c a_n^{-1} \tag{5.20}$$

mit einer Konstanten, die wir ebenfalls mit c bezeichnen (ebenso wie alle Konstanten im Weiteren).

Nun zum zweiten Term in der Variationsformel, zunächst für $\gamma > 1$. Hier folgt, wieder aus der entsprechenden Rechnung (3.67)–(3.69) unter Beachtung von (5.19),

$$\|g_n \mathbb{1}_{Q_R^{(n)}}\|_{2\gamma}^{2\gamma} \geq \left(\|h_n \mathbb{1}_{Q_R^{(n)}}\|_{2\gamma} - \|(h_n - g_n)\mathbb{1}_{Q_R^{(n)}}\|_{2\gamma} \right)^{2\gamma}$$

$$\geq \left(\left(a_n^{d(\gamma-1)} \sum_{z \in B_{Ra_n}} (p_n^R(z))^\gamma \right)^{\frac{1}{2\gamma}} - c a_n^{\frac{-2-d(1-\gamma)}{2\gamma}} \right)^{2\gamma}$$

$$= a_n^{d(\gamma-1)} \sum_{z \in B_{Ra_n}} (p_n^R(z))^\gamma \left(1 - c \frac{a_n^{-\frac{1}{\gamma}}}{\left(\sum_{B_{Ra_n}} (p_n^R)^\gamma \right)^{\frac{1}{2\gamma}}} \right)^{2\gamma}.$$

Beachten wir, dass aufgrund der Konvexität von $f(x) = x^\gamma$

$$\sum_{B_{Ra_n}} (p_n^R)^\gamma \geq |B_{Ra_n}|^{1-\gamma} \left(\sum_{B_{Ra_n}} p_n^R \right)^\gamma = |B_{Ra_n}|^{1-\gamma} \geq c(Ra_n)^{d(1-\gamma)}$$

gilt, so erhalten wir

$$\|g_n \mathbb{1}_{Q_R^{(n)}}\|_{2\gamma}^{2\gamma} \geq a_n^{d(\gamma-1)} \sum_{z \in B_{Ra_n}} (p_n^R(z))^\gamma \left(1 - c R^{\frac{d(\gamma-1)}{2\gamma}} a_n^{\frac{-2-d(1-\gamma)}{2\gamma}} \right)^{2\gamma}, \quad \gamma > 1. \tag{5.21}$$

5.2. KONVERGENZ DER VARIATIONSFORMELN

Im Fall $\gamma < 1$ ergibt sich, wie in (3.67) und (3.71), mit den beiden Ungleichungen in (5.20)

$$\int_{Q_R^{(n)}} g_n^{2\gamma} \leq a_n^{d(\gamma-1)} \sum_{z \in B_{Ra_n}} \left(p_n^R(z)\right)^\gamma + 2|Q_R^{(n)}|^{1-\gamma} \|g_n \mathbb{1}_{Q_R^{(n)}}\|_2^\gamma \|(h_n - g_n) \mathbb{1}_{Q_R^{(n)}}\|_2^\gamma$$

$$\leq a_n^{d(\gamma-1)} \sum_{z \in B_{Ra_n}} \left(p_n^R(z)\right)^\gamma + c|Q_R^{(n)}|^{1-\gamma}(1 + ca_n^{-1})^\gamma a_n^{-\gamma}, \quad \gamma < 1. \quad (5.22)$$

Schritt 4: Stetiges Zurnullrunterdrücken. Wir betrachten die in (3.51) definierte Abschneidefunktion $\Psi_R(x) = \prod_{i=1}^d \Phi_R(x_i)$ und erinnern daran, dass $|\Psi_R| \leq 1$ sowie $\Psi_R = 1$ auf $Q_{R-\sqrt{R}}$ und $\Psi_R = 0$ auf $\mathbb{R}^d \setminus Q_R$ gilt. Durch Multiplikation mit Ψ_R können wir unsere Funktionen g_n am Rand der Box Q_R stetig mit Null verbinden, um $H^1(\mathbb{R}^d)$-Funktionen zu erhalten. Später müssen wir $g_n \Psi_R$ noch L^2-normieren.

Im Folgenden bezeichnen wir mit ε_R, $\varepsilon_R^{(n)}$ bzw. $c_R^{(n)}$ jede Folge positiver Zahlen, die $\lim_{R\to\infty} \varepsilon_R = 0$, $\lim_{R\to\infty} \limsup_{n\to\infty} \varepsilon_R^{(n)} = 0$ bzw. $\limsup_{R\to\infty} \limsup_{n\to\infty} c_R^{(n)} < \infty$ erfüllt.

Analog zu (3.52) berechnen wir

$$\int_{\mathbb{R}^d} \left(\frac{\partial}{\partial x_i}(g_n \Psi_R)(x)\right)^2 \mathrm{d}x \leq \int_{Q_R} \left(\frac{\partial}{\partial x_i} g_n(x)\right)^2 \mathrm{d}x + \frac{1}{R} \int_{Q_R} g_n(x)^2 \mathrm{d}x$$

$$+ \frac{2}{\sqrt{R}} \sqrt{\int_{Q_R} \left(\frac{\partial}{\partial x_i} g_n(x)\right)^2 \mathrm{d}x} \sqrt{\int_{Q_R} g_n(x)^2 \mathrm{d}x}.$$

Summieren wir über $i = 1, \ldots, d$, so folgt mit (5.19) und (5.20)

$$\int_{\mathbb{R}^d} |\nabla(g_n \Psi_R)(x)|^2 \mathrm{d}x \leq \int_{Q_R} |\nabla g_n(x)|^2 \mathrm{d}x + \varepsilon_R^{(n)}. \quad (5.23)$$

Aus Lemma 3.4.6 (mit $\zeta_R = \sqrt{R}$) und Shiftinvarianz erhalten wir

$$\int_{Q_R \setminus Q_{R-\sqrt{R}}} \left(g_n^2 + g_n^{2\gamma}\right) \leq \frac{d}{\sqrt{R}} \int_{Q_R} \left(g_n^2 + g_n^{2\gamma}\right) \quad (5.24)$$

für alle $\gamma > 0$. Da $\Psi_R = 1$ auf $Q_{R-\sqrt{R}}$, haben wir

$$\int_{\mathbb{R}^d} (g_n \Psi_R)^{2\gamma} \geq \int_{Q_{R-\sqrt{R}}} g_n^{2\gamma} = \int_{Q_R} g_n^{2\gamma} - \int_{Q_R \setminus Q_{R-\sqrt{R}}} g_n^{2\gamma}.$$

Aus (5.24) und (5.20) folgt

$$\int_{\mathbb{R}^d} (g_n \Psi_R)^{2\gamma} \geq (1 - \varepsilon_R) \int_{Q_R} g_n^{2\gamma} \mathrm{d}x - \varepsilon_R \int_{Q_R} g_n^2 \geq (1 - \varepsilon_R) \int_{Q_R} g_n^{2\gamma} \mathrm{d}x - \varepsilon_R^{(n)}. \quad (5.25)$$

Ferner haben wir wegen $|\Psi_R| \leq 1$ die Abschätzung

$$\int_{\mathbb{R}^d} (g_n \Psi_R)^{2\gamma} \leq \int_{Q_R} g_n^{2\gamma}. \tag{5.26}$$

Schließlich betrachten wir noch die L²-Norm der abgeschnittenen Funktion. Wegen $\Psi_R = 1$ auf $Q_{R-\sqrt{R}}$ gilt

$$\int_{\mathbb{R}^d} (g_n \Psi_R)^2 \geq \int_{Q_{R-\sqrt{R}}} g_n^2 = \int_{Q_R} g_n^2 - \int_{Q_R \setminus Q_{R-\sqrt{R}}} g_n^2.$$

Aus (5.24) sowie (5.20) und (5.25) folgt

$$\int_{\mathbb{R}^d} (g_n \Psi_R)^2 \geq (1 - \varepsilon_R) \int_{Q_R} g_n^2 \mathrm{d}x - \varepsilon_R \int_{Q_R} g_n^{2\gamma} \mathrm{d}x$$

$$\geq (1 - \varepsilon_R)(1 - ca_n^{-1}) - \varepsilon_R\left((1 + \varepsilon_R) \int_{\mathbb{R}^d} (g_n \Psi_R)^{2\gamma} + \varepsilon_R^{(n)}\right)$$

$$= 1 - \varepsilon_R \int_{\mathbb{R}^d} (g_n \Psi_R)^{2\gamma} - \varepsilon_R^{(n)}.$$

Wir zeigen nun, dass $\int_{\mathbb{R}^d} (g_n \Psi_R)^{2\gamma} \leq c_R^{(n)}$ gilt. Da außerdem $\|g_n \Psi_R\|_2^2 \leq \|g_n\|_2^2 \leq 1 + ca_n^{-1}$ ist, ergibt sich dann zusammenfassend

$$|\|g_n \Psi_R\|_2^2 - 1| \leq \varepsilon_R^{(n)}. \tag{5.27}$$

Sei $\gamma < 1$. Da in diesem Fall beide Summanden auf der linken Seite von (5.16) nichtnegativ sind, können wir o.B.d.A. $\liminf_{R \to \infty} \liminf_{n \to \infty} a_n^{-d(1-\gamma)} \sum_{B_{Ra_n}} (p_n^R)^\gamma < \infty$ annehmen, denn andernfalls gilt (5.16) trivialerweise. Daher folgt aus $|\Psi_R| \leq 1$ und (5.22), dass $\int_{\mathbb{R}^d} (g_n \Psi_R)^{2\gamma} \leq \int_{Q_R} g_n^{2\gamma} \leq c_R^{(n)}$ erfüllt ist.

Sei $\gamma > 1$. Aus (5.23) und (5.19) wissen wir $\int_{\mathbb{R}^d} |\nabla(g_n \Psi_R)|^2 \leq c_R^{(n)}$ und aus (5.20) folgt $\int_{\mathbb{R}^d} (g_n \Psi_R)^2 \leq \int_{Q_R} g_n^2 \leq c_R^{(n)}$. Wenden wir die stetige Sobolevungleichung (3.27) für $d \neq 2$ bzw. (3.28) für $d = 2$ auf die $H^1(\mathbb{R}^d)$-Funktion $g_n \Psi_R$ an, so erhalten wir auch hier die gewünschte Aussage $\int_{\mathbb{R}^d} (g_n \Psi_R)^{2\gamma} \leq c_R^{(n)}$.

Schritt 5: Finale. Wir zeigen nun (5.16).

Sei zuerst $\gamma > 1$. Aus (5.18) und (5.21) – wobei wir $2 + d(1-\gamma) > 0$ beachten – folgt

$$L := a_n^2 \left\{ S^{\pi, Ra_n}(p_n^R) + \frac{\rho}{1-\gamma} a_n^{-2-d(1-\gamma)} \sum_{z \in B_{Ra_n}} (p_n^R(z))^\gamma \right\}$$

$$\geq \int_{Q_R^{(n)}} |\nabla g_n(x)|^2 \mathrm{d}x - \frac{\rho}{\gamma - 1}(1 + \varepsilon_R^{(n)}) \|g_n \mathbb{1}_{Q_R^{(n)}}\|_{2\gamma}^{2\gamma}.$$

5.2. KONVERGENZ DER VARIATIONSFORMELN

Setzen wir (5.23) und (5.25) ein, so erhalten wir

$$L \geq \int_{\mathbb{R}^d} |\nabla(g_n\Psi_R)(x)|^2 \mathrm{d}x - \frac{\rho}{\gamma-1}(1+\varepsilon_R^{(n)})\|g_n\Psi_R\|_{2\gamma}^{2\gamma} - \varepsilon_R^{(n)}.$$

Jetzt normieren wir und berücksichtigen (5.27):

$$L \geq \|g_n\Psi_R\|_2^2 \int_{\mathbb{R}^d} \Big|\nabla \frac{g_n\Psi_R}{\|g_n\Psi_R\|_2}\Big|^2 - \|g_n\Psi_R\|_2^{2\gamma}\frac{\rho}{\gamma-1}(1+\varepsilon_R^{(n)}) \int_{\mathbb{R}^d} \Big(\frac{g_n\Psi_R}{\|g_n\Psi_R\|_2}\Big)^{2\gamma} - \varepsilon_R^{(n)}$$

$$\geq (1-\varepsilon_R^{(n)})\Big(\int_{\mathbb{R}^d} \Big|\nabla \frac{g_n\Psi_R}{\|g_n\Psi_R\|_2}\Big|^2 - (1+\varepsilon_R^{(n)})\frac{\rho}{\gamma-1} \int_{\mathbb{R}^d} \Big(\frac{g_n\Psi_R}{\|g_n\Psi_R\|_2}\Big)^{2\gamma}\Big) - \varepsilon_R^{(n)}.$$

Da $g_n\Psi_R/\|g_n\Psi_R\|_2$ eine L^2-normierte $H^1(\mathbb{R}^d)$-Funktion ist, ist sie ein Kandidat für das Variationsproblem $\hat{\chi}_\gamma^{(B)}((1+\varepsilon_R^{(n)})\rho)$, also haben wir

$$L \geq (1-\varepsilon_R^{(n)})\hat{\chi}_\gamma^{(B)}((1+\varepsilon_R^{(n)})\rho) - \varepsilon_R^{(n)}.$$

Nun können wir die Grenzwerte $n \to \infty$ und anschließend $R \to \infty$ bilden, wobei wir beachten, dass aufgrund von Lemma 3.4.1(b) das Variationsproblem $\chi_\gamma^c(\rho)$ und folglich auch $\hat{\chi}_\gamma^{(B)}(\rho)$ im Parameter ρ stetig ist. Es folgt die zu beweisende Aussage

$$\liminf_{R\to\infty} \liminf_{n\to\infty} L \geq \hat{\chi}_\gamma^{(B)}(\rho).$$

Im Fall $\gamma < 1$ nehmen wir dieselben Schritte vor und verwenden dabei (5.22) anstelle von (5.21) sowie (5.26) anstelle von (5.25), um zur gleichen Aussage zu kommen. $\square$

Beweis für $\gamma \neq 1$ – Teil III: die obere Schranke. Wir zeigen nun für alle $\gamma \neq 1$ die obere Schranke von (5.13). Sei hierfür $\rho > 0$ und sei $g \in H^1(\mathbb{R}^d)$ mit $\|g\|_2 = 1$ ein approximativer Minimierer für $\hat{\chi}_\gamma^{(B)}(\rho)$. Gemäß [LL01, Theoreme 2.16 und 7.6] gilt

$$\hat{\chi}_\gamma^{(B)}(\rho) = \inf_{\substack{g\in H^1(\mathbb{R}^d) \\ \|g\|_2=1}} \Big\{\int_{\mathbb{R}^d} |\nabla g|^2 + \frac{\rho}{1-\gamma}\int_{\mathbb{R}^d} g^{2\gamma}\Big\}$$

$$= \inf_{\substack{g\in H^1(\mathbb{R}^d)\cap C_c^\infty(\mathbb{R}^d) \\ \|g\|_2=1}} \Big\{\int_{\mathbb{R}^d} |\nabla g|^2 + \frac{\rho}{1-\gamma}\int_{\mathbb{R}^d} g^{2\gamma}\Big\},$$

daher können wir annehmen, dass g glatt ist und kompakten Träger hat.
Wir setzen $\varepsilon := \kappa^{-\frac{1-d\nu}{2}} = \kappa^{-\frac{1}{2+d(1-\gamma)}} \to 0$ für $\kappa \to \infty$. Sei $Q_\varepsilon^+ = [0,\varepsilon)^d$. Wir definieren

$$p_\varepsilon(z) = \int_{\varepsilon z + Q_\varepsilon^+} g(x)^2 \mathrm{d}x, \quad z \in \mathbb{Z}^d.$$

Wegen $\|g\|_2 = 1$ gilt $p \in \mathcal{M}_1(\mathbb{Z}^d)$. Für den Beweis der oberen Schranke von (5.13) reicht es, das folgende Lemma zeigen.

Lemma 5.2.2. *Es gilt*

$$\limsup_{\varepsilon \downarrow 0} \varepsilon^{-2} S(p_\varepsilon) + \varepsilon^{d(1-\gamma)} \frac{\rho}{1-\gamma} \sum_{z \in \mathbb{Z}^d} p_\varepsilon(z)^\gamma \leq \int_{\mathbb{R}^d} |\nabla g|^2 + \frac{\rho}{1-\gamma} \int_{\mathbb{R}^d} g^{2\gamma}. \quad (5.28)$$

Beweis. Da g kompakten Träger hat, existiert $R > 0$ so, dass $\operatorname{supp} g \subseteq Q_R$. Dann ist $\operatorname{supp} p_\varepsilon \subseteq B_{\lfloor R\varepsilon^{-1} \rfloor}$. Im Fall $\gamma = 0$ ist der Minimierer in $\hat{\chi}_0^{(B)}$ explizit bekannt, insbesondere ist sein Träger genau die Box Q_{R^*}, wobei R^* in (4.7) gegeben ist. Daher können wir $\operatorname{supp} g = Q_R$ für $R = R^*$ annehmen.

Wir führen eine Taylorentwicklung für g im Punkt εz durch, angewandt auf jedes $x \in \varepsilon z + Q_\varepsilon^+$. Für diese x gilt $\|x - \varepsilon z\|_2 \leq 2\varepsilon$. Wir erhalten

$$g(x) = g(\varepsilon z) + \nabla g(\varepsilon z) \cdot (x - \varepsilon z) + o(\varepsilon), \quad \varepsilon \downarrow 0.$$

Eingesetzt in die Definition von p_ε, erhalten wir

$$p_\varepsilon(z) = \int_{\varepsilon z + Q_\varepsilon^+} \left(g(\varepsilon z)^2 + 2g(\varepsilon z) \nabla g(\varepsilon z) \cdot (x - \varepsilon z) + (\nabla g(\varepsilon z) \cdot (x - \varepsilon z))^2 + o(\varepsilon) \right) \mathrm{d}x$$

$$= \varepsilon^d g(\varepsilon z)^2 + 2g(\varepsilon z) \sum_{j=1}^d \partial_j g(\varepsilon z) \int_{Q_\varepsilon^+} x_j \mathrm{d}x$$

$$+ \sum_{j=1}^d \sum_{k=1}^d \partial_j g(\varepsilon z) \partial_k g(\varepsilon z) \int_{Q_\varepsilon^+} x_j x_k \mathrm{d}x + \varepsilon^d o(\varepsilon).$$

Die Integrale berechnen sich zu $\int_{Q_\varepsilon^+} x_j \mathrm{d}x = \varepsilon^{d-1} \varepsilon^2 / 2$ und $\int_{Q_\varepsilon^+} x_j x_k \mathrm{d}x = \varepsilon^{d-2} (\varepsilon^2/2)^2$ für $j \neq k$ bzw. $\varepsilon^{d-1} \varepsilon^3 / 3$ für $j = k$, sodass sich zusammengefasst ergibt:

$$p_\varepsilon(z) = \varepsilon^d \big(g(\varepsilon z)^2 + \varepsilon g(\varepsilon z) \nabla g(\varepsilon z) \cdot 1 + o(\varepsilon) \big). \quad (5.29)$$

Die Taylorentwicklung $\sqrt{a + \varepsilon b} = \sqrt{a} + \varepsilon b / (2\sqrt{a}) + o(\varepsilon)$ impliziert

$$\sqrt{p_\varepsilon(z)} = \sqrt{\varepsilon^d} \big(g(\varepsilon z) + \frac{\varepsilon}{2} \nabla g(\varepsilon z) \cdot 1 + o(\varepsilon) \big). \quad (5.30)$$

Wir betrachten nun die einzelnen Summanden von (5.28) einzeln, beginnend mit dem ersten. Hier folgt aus (5.30)

$$\varepsilon^{-2} S(p_\varepsilon) = \varepsilon^{-2} \sum_{z \in B_{\lfloor R\varepsilon^{-1} \rfloor}} \sum_{i=1}^d \big(\sqrt{p_\varepsilon(z)} - \sqrt{p_\varepsilon(z + e_i)} \big)^2$$

5.2. KONVERGENZ DER VARIATIONSFORMELN

$$= \varepsilon^{-2+d} \sum_{z \in B_{\lfloor R\varepsilon^{-1}\rfloor}} \sum_{i=1}^{d} \big(g(\varepsilon z) - g(\varepsilon(z+e_i))\big)$$
$$+ \frac{\varepsilon}{2}\big(\nabla g(\varepsilon z) - \nabla g(\varepsilon(z+e_i))\big) \cdot 1 + o(\varepsilon)\Big)^2$$
$$= \varepsilon^{-2+d} \sum_{z \in B_{\lfloor R\varepsilon^{-1}\rfloor}} \sum_{i=1}^{d} \big(g(\varepsilon z) - g(\varepsilon(z+e_i)) + o(\varepsilon)\big)^2,$$

wie man nach erneuter Taylorentwicklung $\nabla g(\varepsilon(z+e_i)) = \nabla g(\varepsilon z) + o(1)$ sieht. Schließlich müssen wir noch die folgenden Schritte vollführen:

1. eine Taylorentwicklung $g(\varepsilon z) - g(\varepsilon(z+e_i)) = \varepsilon \partial_i g(\varepsilon z) + o(\varepsilon)$,

2. die Umformung $\sum_{i=1}^{d} \big(\varepsilon \partial_i g(\varepsilon z) + o(\varepsilon)\big)^2 = \varepsilon^2 |\nabla g(\varepsilon z)|^2 + o(\varepsilon)$,

3. eine Anwendung der Definition des Riemann-Integrals: $\varepsilon^d \sum_{x \in B_{\lfloor R\varepsilon^{-1}\rfloor}} |\nabla g(\varepsilon z)|^2 = \int_{\mathbb{R}^d} |\nabla g(y)|^2 \mathrm{d}y + o(1)$,

4. die Feststellung $\varepsilon^{-2+d} \sum_{z \in B_{\lfloor R\varepsilon^{-1}\rfloor}} o(\varepsilon) = o(1)$.

Setzen wir alles zusammen, so erhalten wir

$$\varepsilon^{-2} S(p_\varepsilon) = \int_{\mathbb{R}^d} |\nabla g(y)|^2 \mathrm{d}y + o(1), \quad \varepsilon \downarrow 0,$$

und damit den ersten Teil.

Für den zweiten Teil, also die Betrachtung von $\varepsilon^{d(1-\gamma)} \sum_{z \in \mathbb{Z}^d} p_\varepsilon(z)^\gamma$, unterscheiden wir zwischen $\gamma = 0$ und $\gamma > 0$.

Sei $\gamma > 0$. Wir verwenden wir Darstellung (5.29) sowie eine weitere Taylorentwicklung $((a+\varepsilon b)^\gamma = a^\gamma + o(1))$ und erhalten

$$p_\varepsilon(z)^\gamma = \varepsilon^{d\gamma}\big(g(\varepsilon z)^{2\gamma} + o(1)\big).$$

Dann haben wir

$$\varepsilon^{d(1-\gamma)} \sum_{z \in B_{\lfloor R\varepsilon^{-1}\rfloor}} p_\varepsilon(z)^\gamma = \varepsilon^d \sum_{z \in B_{\lfloor R\varepsilon^{-1}\rfloor}} \big(g(\varepsilon z)^{2\gamma} + o(1)\big) = \int_{\mathbb{R}^d} g(y)^{2\gamma} \mathrm{d}y + o(1), \quad \varepsilon \downarrow 0,$$

wieder nach Definiton des Riemann-Integrals und wegen $\varepsilon^d \sum_{z \in B_{\lfloor R\varepsilon^{-1}\rfloor}} o(1) = o(1)$.

Sei nun $\gamma = 0$. Wegen $\operatorname{supp} p_\varepsilon \subseteq B_{R\varepsilon^{-1}}$ haben wir

$$\varepsilon^d |\operatorname{supp} p_\varepsilon| \leq \varepsilon^d (2R\varepsilon^{-1}+1)^d = (2R+\varepsilon)^d = (2R)^d + o(1) = |Q_R| + o(1).$$

Da $\operatorname{supp} g = Q_R$ gilt, folgt $\varepsilon^d |\operatorname{supp} p_\varepsilon| \leq |\operatorname{supp} g| + o(1)$ für $\varepsilon \downarrow 0$.

Damit ist (5.28) vollständig gezeigt und folglich die obere Schranke zu Proposition 2.1.10 für alle betrachteten $\gamma \neq 1$ bewiesen. □

5.2.3 Die triviale Richtung: Beweis von Proposition 2.1.11

Im Folgenden betrachten wir alle $\gamma \geq 0$ und schreiben $\chi_\gamma^d(\rho) = \inf_{p \in \mathcal{M}_1(\mathbb{Z}^d)} F_{\gamma,\rho}(p)$. Setzen wir speziell das Einpunktmaß δ_0 ein, so erhalten wir $\chi_\gamma^d(\rho) \leq F_{\gamma,\rho}(\delta_0) = 2d$. Zu zeigen ist noch, dass

$$\liminf_{\rho \to \infty} \chi_\gamma^d(\rho) \geq 2d \qquad (5.31)$$

gilt. Dafür unterscheiden wir zwischen $\gamma = 0$ und $\gamma > 0$.

Als Erstes betrachten wir $\gamma = 0$, d.h. $J_0(p) = |\operatorname{supp} p| - 1$. Seien $\rho > 2d + 1$ und $\varepsilon \in (0,1)$. Für $p \in \mathcal{M}_1(\mathbb{Z}^d)$ mit $F_{0,\rho}(p) \leq \chi_0^d(\rho) + \varepsilon$ folgt

$$|\operatorname{supp} p| = J_0(p) + 1 \leq \frac{F_{0,\rho}}{\rho} + 1 \leq \frac{\chi_0^d(\rho)}{\rho} + 1 \leq \frac{2d + \varepsilon}{\rho} + 1 < 2.$$

Also ist p ein Einpunktmaß und folglich $\chi_0(\rho) \geq F_{0,\rho}(p) - \varepsilon = 2d - \varepsilon$. Da das für alle $\rho > 2d + 1$ gilt, erhalten wir (5.31) im Grenzübergang $\varepsilon \to 0$.

Sei jetzt $\gamma > 0$. Wir erinnern daran, dass $J_\gamma(p) = -\sum_{z \in \mathbb{Z}^d} \hat{H}(p(z))$, wobei $\hat{H}$ in (2.2) definiert wurde. Wir machen zunächst die folgende Feststellung:

$$\forall \varepsilon \in (0,1) \; \exists C_\varepsilon > 0 \; \forall x \in [0, 1-\varepsilon]: \quad -\hat{H}(x) \geq C_\varepsilon x. \qquad (5.32)$$

Zur Begründung verwenden wir Lemma 3.2.1(a) für die konvexe Funktion $\hat{H}$ mit $\hat{H}(0) = 0$. Für $x \in [0, 1-\varepsilon]$ und $\lambda = (1-\varepsilon)/x \geq 1$ erhalten wir demzufolge $-\hat{H}(x) \geq C_\varepsilon x$ mit $C_\varepsilon = -\hat{H}(1-\varepsilon)/(1-\varepsilon) > 0$.

Sei nun $\varepsilon \in (0, \frac{1}{2})$ fest und $(p_\rho)_{\rho > 0}$ sei eine Folge von approximativen Minimierern, d.h. $p_\rho \in \mathcal{M}_1(\mathbb{Z}^d)$ mit $F_{\gamma,\rho}(p_\rho) \leq \chi_\gamma^d(\rho) + \varepsilon$ für jedes ρ. Wir behaupten: Für alle hinreichend großen ρ existiert ein $z_\rho \in \mathbb{Z}^d$ mit $p_\rho(z_\rho) > 1 - \varepsilon$. Angenommen, das wäre nicht der Fall. Wir wählen $\rho^* = (2d + \varepsilon)/C_\varepsilon$. Dann gibt es nach Annahme ein $\rho > \rho^*$ mit $p_\rho(z) \leq 1 - \varepsilon$ für alle $z \in \mathbb{Z}^d$. Wegen (5.32) folgt $-\hat{H}(p_\rho(z)) \geq C_\varepsilon p_\rho(z)$ und damit

$$\chi_\gamma^d(\rho) \geq F_{\gamma,\rho}(p_\rho) - \varepsilon \geq \rho J_\gamma(p_\rho) - \varepsilon \geq \rho C_\varepsilon \sum_{z \in \mathbb{Z}^d} p_\rho(z) - \varepsilon = \rho C_\varepsilon - \varepsilon > 2d,$$

im Widerspruch zu $\chi_\gamma^d(\rho) \leq 2d$.

Also stimmt unsere Behauptung und die Folge $(\tilde{p}_\rho)_{\rho > 0}$ mit $\tilde{p}_\rho(z) = p_\rho(z + z_\rho)$ erfüllt $\tilde{p}_\rho(0) > 1 - \varepsilon$ für alle (hinreichend großen) $\rho > 0$. Damit folgt insbesondere, dass $\tilde{p}_\rho(z) < \varepsilon < \tilde{p}_\rho(0)$ für alle $z \neq 0$, denn die $\tilde{p}_\rho$ sind Wahrscheinlichkeitsmaße. Wegen Shiftinvarianz gilt $F_{\gamma,\rho}(\tilde{p}_\rho) = F_{\gamma,\rho}(p_\rho) \leq \chi_\gamma^d(\rho) + \varepsilon$. Also haben wir

$$\chi_\gamma^d(\rho) + \varepsilon \geq S(\tilde{p}_\rho) \geq \sum_{z \sim 0} \left(\sqrt{\tilde{p}(0)} - \sqrt{\tilde{p}(z)} \right)^2$$
$$\geq 2d \left(\sqrt{1-\varepsilon} - \sqrt{\varepsilon} \right)^2 = 2d \left(1 - 2\sqrt{\varepsilon(1-\varepsilon)} \right).$$

Für $\varepsilon \to 0$ erhalten wir $\chi_\gamma^d(\rho) \geq 2d$, womit (5.31) für alle γ gezeigt ist.

5.2. KONVERGENZ DER VARIATIONSFORMELN

5.2.4 Vom PAM zu RWRS: Heuristik zu Bemerkung 2.1.12

Es sind

$$\chi_\gamma^c(\rho) = \inf_{\substack{g \in H^1(\mathbb{R}^d) \\ \|g\|_2 = 1}} F_{\gamma,\rho}^{(c)}(g) \quad \text{und} \quad \chi_H^{(\text{RWRS})}(\theta) = \inf_{\substack{g \in H^1(\mathbb{R}^d) \\ \|g\|_2 = 1}} F_{H,\theta}^{(\text{RWRS})}(g)$$

mit

$$F_{\gamma,\rho}^{(c)}(g) = \int_{\mathbb{R}^d} |\nabla g|^2 - \rho \int_{\mathbb{R}^d} \hat{H} \circ g^2,$$

$$F_{H,\theta}^{(\text{RWRS})}(g) = \int_{\mathbb{R}^d} |\nabla g|^2 - \theta \int_{\mathbb{R}^d} H \circ g^2.$$

Die Beziehung (2.12) gilt, falls wir eine Bijektion zwischen potentiellen Minimierern $g \in H^1(\mathbb{R}^d)$, $\|g\|_2 = 1$, für $F_{\gamma,\rho}^{(c)}$ und Kandidaten g_θ für die Minimierung von $F_{H,\theta}^{(\text{RWRS})}$ finden, sodass

$$\theta^{1-d\nu}\left(F_{H,\theta}^{(\text{RWRS})}(g_\theta) + \theta \frac{H(\theta^{d(1-d\nu)/2})}{\theta^{d(1-d\nu)/2}} \right) \approx F_{\gamma,\rho}^{(c)}(g)$$

für große θ erfüllt ist.

Wir setzen $b = \theta^{(1-d\nu)/2}$. Aus der Definition von ν folgt $(1 - d\nu)/2 = 1/(2 + d - d\gamma)$ und somit $b \to \infty$ für $\theta \to \infty$ wegen $\gamma < 1 + 2/d$. Definieren wir $g_\theta(x) := b^{d/2} g(bx)$, dann ist $\|g_\theta\|_2 = 1$, $\int_{\mathbb{R}^d} |\nabla g_\theta|^2 = b^2 \int_{\mathbb{R}^d} |\nabla g|^2$ und $\int_{\mathbb{R}^d} H \circ g_\theta^2 = b^{-d} \int_{\mathbb{R}^d} H \circ [b^d g^2]$.

Wegen $\theta b^{-d} = b^{2-d\gamma}$ haben wir also

$$F_{H,b^{2/(1-d\nu)}}^{(\text{RWRS})}(g_\theta) = b^2 \left(\int_{\mathbb{R}^d} |\nabla g(y)|^2 \mathrm{d}y - b^{-d\gamma} \int_{\mathbb{R}^d} H(b^d g(y)^2) \mathrm{d}y \right)$$

und damit

$$\theta^{1-d\nu}\left(F_{H,\theta}^{(\text{RWRS})}(g_\theta) + \theta \frac{H(\theta^{d(1-d\nu)/2})}{\theta^{d(1-d\nu)/2}} \right)$$
$$= b^{-2}\left(F_{H,b^{2/(1-d\nu)}}^{(\text{RWRS})}(g_\theta) + b^{2/(1-d\nu)} \frac{H(b^d)}{b^d} \right)$$
$$= \int_{\mathbb{R}^d} |\nabla g(y)|^2 \mathrm{d}y - \frac{K_H(b^d)}{b^{d\gamma}} \int_{\mathbb{R}^d} \frac{H(b^d g(y)^2) - g(y)^2 H(b^d)}{K_H(b^d)} \mathrm{d}y,$$

wobei wir im letzten Schritt verwendet haben, dass $\int_{\mathbb{R}^d} g^2 = 1$ gilt.

Aus (1.6) wissen wir $K_H(t) = t^{\gamma + o(1)}$ für $t \to \infty$. Formulieren wir dies im Rahmen der Heuristik zu $K_H(b^d) \approx b^{d\gamma}$ um und verwenden außerdem die Annahme (2.1) an die Kumulantenerzeugende H, um den Ausdruck im zweiten Integral mittels der asymptotischen Funktion $\hat{H}$ zu schreiben, so erhalten wir

$$\theta^{1-d\nu}\left(F_{H,\theta}^{(\text{RWRS})}(g_\theta) + \theta\frac{H(\theta^{d(1-d\nu)/2})}{\theta^{d(1-d\nu)/2}}\right)$$
$$\approx \int_{\mathbb{R}^d} |\nabla g(y)|^2 \mathrm{d}y - \rho \int_{\mathbb{R}^d} \hat{H}(g(y)^2)\mathrm{d}y = F_{\gamma,\rho}^{(c)}(g)$$

für $\theta \to \infty$.

Für einen rigorosen Beweis müssen wir die Asymptotik $K_H(t) = t^{\gamma+o(1)}$ genauer spezifizieren, ferner ist zu beachten, dass (2.1) nur auf kompakten Teilmengen des $\mathbb{R}$ gilt. Dies führt zu erheblichem technischen Zusatzaufwand.

Kapitel 6

Abschließende Bemerkungen

6.1 Zusammenfassung der Ergebnisse dieser Arbeit

Wir haben in dieser Arbeit das parabolische Anderson-Modell betrachtet, in welchem die Geschwindigkeit der Diffusion mit der Zeit gekoppelt wird. In Abhängigkeit vom Verhältnis zwischen der Geschwindigkeit und der Dicke der oberen Schwänze der Potentialverteilung konnten wir fünf Phasen mit qualitativ verschiedenen Resultaten ausmachen, von denen wir vier näher behandelt haben. Dadurch ergibt sich eine neue Perspektive auf die bisherige Unterteilung der Potentialverteilungen in vier Universalitätsklassen, die in unserer Verallgemeinerung für $\kappa(t) = $ const wiederzufinden ist. Je nach Be- oder Entschleunigung kann dieselbe Verteilung des Potentials zu unterschiedlichem asymptotischen Verhalten der Gesamtmasse des parabolischen Anderson-Modells führen.

In drei der vier Phasen treffen wir auf ein Verhalten, das wir aus bisherigen Untersuchungen des PAM bereits kennen. Neu ist Phase 4, in welcher nicht mehr die oberen Schwänze der Potentialverteilung eine Rolle spielen. Hier finden wir eine Verbindung zu Modellen aus Random Walk in Random Scenery. In der hier nicht näher betrachteten Phase 5 erwarten wir einen neuen Effekt, der sich aus der besonders hohen Geschwindigkeit der Diffusion ergibt.

Neben asymptotischen Betrachtungen zum PAM haben wir uns auch den dabei auftretenden Variationsproblemen gewidmet. Neu ist hier das diskrete Variationsproblem $\chi_\gamma^{(DB)}(\rho)$, welches sich sehr natürlich zu den bisher in den vier Universalitätsklassen auftauchenden gesellt. Für dieses Problem haben wir die Existenz eines Minimierers bewiesen und einen Phasenübergang in $\gamma = 1/2$ hinsichtlich der Endlichkeit seines Trägers herausgefunden. Ferner betrachteten wir das Verhältnis der verschiedenen Variationsformeln untereinander und fanden heraus, dass einige davon bei geeigneter Konvergenz der Parameter asymptotisch ineinander übergehen.

6.2 Offene Fragen

Wir wollen nun kurz auf einige Fragestellungen eingehen, die im Rahmen dieser Arbeit nicht ausführlich untersucht werden konnten. Das parabolische Anderson-Modell ist sehr vielfältig und komplex und wird noch vielfach Anlass für interessante Forschungsaspekte geben. Die hier vorgestellte Verallgemeinerung kann dafür neue Perspektiven und Anregungen liefern.

Was passiert in Phase 5? Die wesentliche Feststellung im Übergang der Phasen besteht darin, dass (bei gegebener Potentialverteilung) mit zunehmender Geschwindigkeit der zugrundeliegenden Irrfahrt immer mehr Potentialwerte eine Rolle spielen und folglich immer feiner reskaliert werden muss. In Phase 1 bleibt die Irrfahrt im Ursprung, da der höchste Potentialwert (welcher, da wir den Erwartungswert über das Potential bilden, o.B.d.A. im Startpunkt der Irrfahrt liegt) bereits den Hauptbeitrag an der Gesamtmasse ausmacht. In Phase 2 breitet sich die Irrfahrt im $\mathbb{Z}^d$ aus, aber es muss nicht reskaliert werden. Dagegen erhalten wir in Phase 3 relevante Inseln mit Radius von Größenordnung $\alpha_t \gg 1$, sodass wir eine stetige Variationsformel erhalten. Bis hierhin sind die relevanten Inseln aber immer durch besonders hohe Potentialwerte, d.h. durch die oberen Schwänze der Verteilung gegeben. Dagegen spielt in Phase 4 das gesamte Feld eine Rolle und die Irrfahrt breitet sich auf einer Insel mit Radius $\alpha_t \approx t^{1/d}$ aus (was im Fall $d=2$ bereits dem Verhalten der freien Irrfahrt entspricht). Da in Phase 5 die Irrfahrt zu einer noch höheren Geschwindigkeit getrieben ist, wäre eine Vermutung, dass gar nicht genügend „gute" Potentialwerte besucht werden können und sich die Irrfahrt somit wie eine freie Irrfahrt verhält. Vielleicht tritt auch ein ganz neuer Effekt auf. Vorstellbar sind qualitativ unterschiedliche Ergebnisse in verschiedenen Dimensionen. Dies genauer zu erforschen, wäre sicher sehr interessant.

Weitere Fragestellungen des PAM. Wir haben uns in dieser Arbeit auf die Betrachtung der exponentiellen Asymptotik des „annealed" Erwartungswertes $\langle U(t) \rangle$ beschränkt. In den zitierten Artikeln [GM98], [BK01] und [HKM06] spielte auch das „quenched" Verhalten eine Rolle, also die fast sichere Asymptotik von $U(t)$. Ferner wurden neben dem ersten Moment auch die p-ten Momente $\langle U(t)^p \rangle$ betrachtet, was insbesondere Aufschluss über Intermittenzeigenschaften der Lösung des parabolischen Anderson-Modells gab. Eine Untersuchung höherer Momente sollte für das verallgemeinerte Modell durch eine leichte Anpassung der hier geführten Beweise möglich sein. Interessant wären sicher auch das fast sichere Verhalten sowie feinere Eigenschaften wie die des Potential-Confinement im Sinne von [GK09]. Weitere reichhaltige Verallgemeinerungen wie zum Beispiel die Betrachtung zeitabhängiger Potentiale sind ebenso denkbar.

6.2. OFFENE FRAGEN

PAM mit Drift. Eine herausfordernde Erweiterung des Modells besteht in der Einführung eines Driftterms, d.h. wir ersetzen in der Definition (1.1) des PAM den Generator Δ durch

$$Lf(x) = 2d \sum_{|e|=1} p_e(f(x+e) - f(x)),$$

wobei $p_e \in [0,1]$ mit $\sum_{|e|=1} p_e = 1$. Die zugrundeliegende Irrfahrt ist also nicht mehr symmetrisch. Man könnte die Drift als den d-dimensionalen Vektor $v = \sum_{|e|=1} p_e e$ definieren. Dann ist die Hauptfrage die nach einem Phasenübergang im Parameter $|v| = |v_1| + \cdots + |v_d|$. Zum Beispiel wären im eindimensionalen Fall Aussagen im Sinne von [GH92] wünschenswert, wobei man sich für die kritische Drift eine Darstellung als Variationsformel vorstellen könnte. Bei kleiner Drift vermuten wir ein ähnliches asymptotisches Verhalten der Lösung des PAM wie im Fall $v = 0$, welcher dem hier betrachteten Modell entspricht. Dagegen ist für $|v| \to 1$ ein stark verändertes Ergebnis zu erwarten. Insbesondere im Fall absoluter Drift, d.h. $p_e = 1$ für ein e, ist die Irrfahrt gezwungen, sich nur in eine Richtung zu bewegen. Da es eine zeitstetige Irrfahrt ist, kann sie zumindest noch ihre Geschwindigkeit anpassen. Vielleicht ist es bei besonders dicken Schwänzen der Potentialverteilung die beste Strategie, im Ursprung zu bleiben, wo wir im annealed-Fall den höchsten Potentialwert erwarten können. Das würde Phase 1 des verallgemeinerten PAM entsprechen. Allgemein ist es möglich, dass sich ein Phasenübergang nicht allein über $|v|$ beschreiben lässt, sondern dass weitere Parameter eine Rolle spielen. Bisher gibt es zum PAM mit Drift noch keine konkreten Resultate. Das verallgemeinerte Modell mit zeitgekoppelter Sprungrate kann vielleicht geeignet sein, um diese Fragestellung unter einem neuen Gesichtspunkt zu verstehen.

Offene Fragen zu den Variationsproblemen. Wir haben in dieser Arbeit für das diskrete Variationsproblem $\chi_\gamma^{(DB)}(\rho)$ die Existenz eines Minimierers nachgewiesen. Leider war das nicht für alle γ-Werte möglich, obwohl dieses Problem in Phase 2 für jedes $\gamma \geq 0$ auftaucht, wie man dem Phasendiagramm in Abschnitt 1.2.1 ansieht. Hier gibt es also noch Forschungsarbeit. Auch weitere Eigenschaften eines Minimierers wären von Interesse, zum Beispiel vermuten wir Unimodalität. Vor allem auch die Frage der Eindeutigkeit konnte hier nicht beantwortet werden.

Das entsprechende stetige Variationsproblem $\chi_\gamma^{(B)}(\rho)$ wurde für den Fall $\gamma < 1$ in [S09] umfassend untersucht, Existenz und Eindeutigkeit sowie kompakter Träger und Regularität des Minimierers wurden gezeigt. In unserer Phase 3 tritt das Problem für alle $\gamma < 1 + 2/d$ auf. Vielleicht lassen sich ähnliche Resultate auch für die noch fehlenden γ-Werte herleiten. Für $\gamma > 1 + 2/d$ haben wir feststellen können, dass $\chi_\gamma^{(B)}(\rho) = -\infty$ ist, während $\gamma = 1 + 2/d$ einen interessanten Randfall darstellen könnte. Auch zu dem in Phase 4 auftauchenden Variationsproblem $\chi_H^{(RWRS)}(\theta)$ sind noch die wichtigsten Fragestellungen offen.

Technische Feinheiten. Der Beweis zu den Phasen 3 und 4 ist technisch sehr aufwändig und erfordert vielfältige Werkzeuge und Methoden. Zur Erleichterung haben wir kleine Einschränkungen vorgenommen, von denen wir überzeugt sind, dass die Aussagen auch allgemeiner gelten. Speziell ist damit die Voraussetzung $K_H(t) \gg \log t$ in Phase 3 gemeint, die wir nur für eine Asymptotik im Fall $\gamma = 0$ benötigt haben, sowie die Einschränkung auf $\gamma < 2$, welche bei einer Resttermabschätzung in beiden Phasen eine Rolle spielte. Mit etwas mehr Aufwand könnte man die Beweise an diesen Stellen sicher ohne diese Zusatzbedingungen führen. Ferner haben wir in Phase 3 angenommen, dass $\kappa(t)$ regulär variiert mit Parameter $\beta \in (\gamma - 1, 2/d)$, was sicher keine große Einschränkung ist, jedoch auch nicht essentiell für die Richtigkeit des Theorems. Vor allem wären auch die Grenzfälle $\beta = \gamma - 1$ bzw. $\beta = 2/d$ interessant, die den Übergang zu den Phasen 2 bzw. 4 darstellen. Welche Annahmen an die Funktion $\kappa(t)$ würden eine exakte Abgrenzung der Phasen voneinander herbeiführen?

Symbolverzeichnis

Symbol	Beschreibung	Seite
$(\cdot,\cdot)$	Standard-Skalarprodukt im $\mathbb{R}^d$ oder $\mathbb{Z}^d$	
$\langle\cdot\rangle$	Erwartungswert bezüglich des Potentials	
$\lfloor\cdot\rfloor$	Gaußklammer: $\lfloor x \rfloor$ = größter ganzer Anteil von $x \in \mathbb{R}$	
$\sim$	benachbarte Elemente in $\mathbb{Z}^d$: $x \sim y \Leftrightarrow |x-y| = 1$	
$\sim^\pi$	benachbarte Elemente auf Torus B_R	
$\vee$	$x \vee y = \max\{x,y\}$	
$\wedge$	$x \wedge y = \min\{x,y\}$	
$\ll$	Für die angegebene Konvergenz von t gilt $f_t \ll g_t \Leftrightarrow \lim_t f_t/g_t = 0$.	
$\gg$	Für die angegebene Konvergenz von t gilt $f_t \gg g_t \Leftrightarrow g_t \ll f_t$.	
$\asymp$	Für die angegebene Konvergenz von t gilt $f_t \asymp g_t \Leftrightarrow \lim_t f_t/g_t \in (0,\infty)$.	
$\preceq$	Für die angegebene Konvergenz von t gilt $f_t \preceq g_t \Leftrightarrow f_t \ll g_t$ oder $f_t \asymp g_t$.	
$\succeq$	Für die angegebene Konvergenz von t gilt $f_t \succeq g_t \Leftrightarrow g_t \preceq f_t$.	
α_t	räumliche Skalierungsfunktion für die Lokalzeiten	
B_R	$B_R = [-R,R]^d \cap \mathbb{Z}^d$	
β	in Phase 3: Parameter der regulären Variation von $\kappa(t)$	
$\mathcal{C}_c(\mathbb{R}^d)$	Raum der stetigen Funktionen mit kompaktem Träger	
$\chi_\gamma^{(B)}(\rho)$	Variationsproblem im Original-PAM für beschränkte Potentiale	13
$\chi^{(FB)}(\rho)$	Variationsproblem im Original-PAM für fast beschränkte Potentiale	13

Symbolverzeichnis

Symbol	Beschreibung	Seite
$\chi^{(\mathrm{DE})}(\rho)$	Variationsproblem im Original-PAM für Potentiale mit doppeltexponentiellen Schwänzen	13
$\chi^{(\mathrm{SP})}$	Variationsproblem im Original-PAM für Potentiale mit dicken Schwänzen	13
$\chi^{(\mathrm{DB})}_\gamma(\rho)$	Variationsproblem, diskrete Variante von $\chi^{(\mathrm{B})}_\gamma(\rho)$	15
$\chi^{(\mathrm{RWRS})}_H(\theta)$	Variationsproblem, in Phase 4 des verallgemeinerten PAM	24
$\chi^{[\mathrm{GKS07}]}_H(u)$	Variationsproblem aus [GKS07], ähnlich $\chi^{(\mathrm{RWRS})}_H(\theta)$	54
$\chi^{\mathrm{d}}_\gamma(\rho)$	diskretes Variationsproblem, siehe (2.6)	21
$\chi^{\mathrm{c}}_\gamma(\rho)$	stetiges Variationsproblem, siehe (2.8)	23
$\chi^{\mathrm{d},0}_\gamma(\rho, R)$	Einschränkung von $\chi^{\mathrm{d}}_\gamma(\rho)$ auf B_R mit Nullrandbedingungen, siehe (3.17)	40
$\chi^{\mathrm{d},\pi}_\gamma(\rho, R)$	Einschränkung von $\chi^{\mathrm{d}}_\gamma(\rho)$ auf B_R mit periodischen Randbedingungen, siehe (3.18)	40
$\chi^{\mathrm{c},0}_\gamma(\rho, R)$	Einschränkung von $\chi^{\mathrm{c}}_\gamma(\rho)$ auf Q_R mit Nullrandbedingungen, siehe (3.19)	40
d	die Dimension	
Δ	diskreter Laplace-Operator	7
$\mathbb{E}[\,\cdot\,]$	Erwartungswert bezüglich der Irrfahrt	
$F_{\gamma,\rho}$	Funktion, welche in $\chi^{\mathrm{d}}_\gamma(\rho)$ minimiert wird	107, 113
$F^{(\mathrm{c})}_{\gamma,\rho}$	Funktion, welche in $\chi^{\mathrm{c}}_\gamma(\rho)$ minimiert wird	125
γ	Parameter für die Asymptotik von H	19
$\mathrm{H}^1(Q)$	Sobolevraum über Q	
H	Kumulantenerzeugende von $\xi(0)$, siehe (1.2)	7
$\hat{H}$	asymptotische Gestalt der Kumulantenerzeugenden, siehe (2.2)	19
J_γ	Entropieterm in χ^{d}_γ	107, 113
J^R_γ	Approximation von J_γ auf der Box B_R, siehe (3.16)	40
K_H	asymptotische Skalierungsfunktion für H	19
$\kappa(t)$	Geschwindigkeit im verallgemeinerten PAM	20
$\mathrm{L}^p(Q)$	Raum der $g\colon Q \to \mathbb{R}$ mit $\int_Q |g|^p < \infty$	
l^1	Raum der $f\colon \mathbb{Z}^d \to \mathbb{R}$ mit $\sum_{z\in\mathbb{Z}^d} |f(z)| < \infty$	
$\tilde{\ell}_t$	Lokalzeit von X_t	36

Symbolverzeichnis

Symbol	Beschreibung	Seite
ℓ_t	Lokalzeit von X_t^t	36
$\ell_t^{\pi,R}$	Periodisierung von ℓ_t auf Torus B_R	38
$\tilde{L}_t$	Normierung und ggf. Reskalierung von $\tilde{\ell}_t$	36, 37
L_t	Normierung und ggf. Reskalierung von ℓ_t	36, 37
$L_t^{\pi,R}$	Normierung und ggf. Reskalierung von $\ell_t^{\pi,R}$	38
$\mathcal{M}_1(B)$	Menge der Wahrscheinlichkeitsmaße auf B	13
∇	Vektor der partiellen Ableitungen im $\mathbb{R}^d$	
ν	$\nu = (1-\gamma)/(2+d(1-\gamma))$	
$o(\cdot)$	Für die angegebene Konvergenz von t gilt $\lim_t o(f_t)/f_t = 0$.	
$O(\cdot)$	Für die angegebene Konvergenz von t gilt $\limsup_t |O(f_t)/f_t| < \infty$.	
$\mathbb{P}(\cdot)$	Wahrscheinlichkeit bezüglich der Irrfahrt	
$\text{Prob}(\cdot)$	Wahrscheinlichkeit bezüglich des Potentials	
Q_R	$Q_R = [-R, R]^d$	
ρ	Parameter für die Asymptotik von H	19
S	Energieterm in χ_γ^d, siehe (3.29)	46
$S^{0,R}$	Approximation von S auf der Box B_R mit Nullrandbedingungen, siehe (3.13)	39
$S^{\pi,R}$	Approximation von S auf der Box B_R mit periodischen Randbedingungen, siehe (3.14)	39
$u(t,z)$	Lösung (Masse) des Original-PAM zur Zeit t im Punkt $z \in \mathbb{Z}^d$	7
$u^t(s,z)$	Lösung (Masse) des verallgemeinerten PAM zur Zeit s im Punkt $z \in \mathbb{Z}^d$	20
$U(t)$	Gesamtmasse im (Original- bzw. verallgemeinerten) PAM zur Zeit t	8, 20
X_s	zeitstetige Irrfahrt im $\mathbb{Z}^d$ mit Generator Δ und Start in 0	36
X_s^t	zeitstetige Irrfahrt im $\mathbb{Z}^d$ mit Generator $\kappa(t)\Delta$ und Start in 0	36
$(\xi(z))_{z \in \mathbb{Z}^d}$	i.i.d. Potential	7

Literaturverzeichnis

[A58] P. W. Anderson, Absence of diffusion in certain random lattices, *Phys. Rev.* **109**, 1492–1505 (1958).

[AC03] A. Asselah und F. Castell, Large deviations for Brownian motion in a random scenery, *Probab. Theory Relat. Fields* **126**(4), 497–527 (2003).

[BGT87] N. H. Bingham, C. M. Goldie und J. L. Teugels, *Regular Variation*, Cambridge University Press, Cambridge, 1987.

[BK98] M. Biskup und W. König, On a variational problem related to the one-dimensional parabolic Anderson model, unpublished manuscript (1998).

[BK01] M. Biskup und W. König, Long-time tails in the parabolic Anderson model with bounded potential, *Ann. Probab.* **29**(2), 636–682 (2001).

[B07] D. Braess, *Finite Elemente. Theorie, schnelle Löser und Anwendungen in der Elastizitätstheorie*, 4. Auflage, Springer, Berlin 2007.

[B02] A. Braides, *Gamma-Convergence for Beginners*, Oxford University Press, Oxford, 2002.

[BHK07] D. Brydges, R. van der Hofstad und W. König, Joint density for the local times of continuous-time Markov chains, *Ann. Probab.* **35**(4), 1307–1332 (2007).

[CL90] R. A. Carmona und J. Lacroix, *Spectral Theory of Random Schrödinger Operators*, Birkhäuser, Basel 1990.

[CM94] R. A. Carmona und S. A. Molchanov, *Parabolic Anderson problem and intermittency*, Mem. Am. Math. Soc. **518**, 125 (1994).

[CGH01] Y. Coudière, T. Gallouët und R. Herbin, Discrete Sobolev inequalities and L^p error estimates for finite volume solutions of convection diffusion equations, *M2AN, Math. Model. Numer. Anal.* **35**(4), 767–778 (2001).

[DZ98] A. Dembo und O. Zeitouni, *Large Deviations Techniques and Applications*, 2. Auflage, Springer, New York, 1998.

[DS89]   J.-D. Deuschel und D. W. Stroock, *Large Deviations*, Academic Press, Boston, 1989.

[DV75]   M. D. Donsker und S.R.S. Varadhan, Asymptotics for the Wiener sausage, *Commun. Pure Appl. Math.* **28**, 525–565 (1975).

[GKS07] N. Gantert, W. König und Z. Shi, Annealed deviations of random walk in random scenery, *Ann. Inst. Henri Poincaré, Probab. Stat.* **43**(1), 47–76 (2007).

[GH99]   J. Gärtner und F. den Hollander, Correlation structure of intermittency in the parabolic Anderson model, *Probab. Theory Relat. Fields* **114**(1), 1–54 (1999).

[GK05]   J. Gärtner und W. König, The parabolic Anderson model, in: J.-D. Deuschel (Ed.) et al., *Interacting Stochastic Systems*, 153–179, Springer, Berlin 2005.

[GKM07] J. Gärtner, W. König und S. A. Molchanov, Geometric characterization of intermittency in the parabolic Anderson model, *Ann. Probab.* **35**(2), 439–499 (2007).

[GM90]   J. Gärtner und S. A. Molchanov, Parabolic problems for the Anderson model. I: Intermittency and related topics, *Commun. Math. Phys.* **132**(3), 613–655 (1990).

[GM98]   J. Gärtner und S. A. Molchanov, Parabolic problems for the Anderson model. II: Second-order asymptotics and structure of high peaks, *Probab. Theory Relat. Fields* **111**(1), 17–55 (1998).

[GH92]   A. Greven und F. den Hollander, Branching random walk in random environment: phase transitions for local and global growth rates, *Probab. Theory Relat. Fields* **91**(2), 195–249 (1992).

[G07]   G. Grüninger, *Potential-Confinement im parabolischen Anderson-Modell*, Dissertation, Universität Münster, 2007.

[GK09]   G. Grüninger und W. König, Potential confinement property of the parabolic Anderson Model, *Ann. Inst. Henri Poincaré, Probab. Stat.* **45**(3), 840–863 (2009).

[G05]   A. Gut, *Probability: A graduate course*, Springer, New York, 2005.

[HKM06] R. van der Hofstad, W. König und P. Mörters, The universality classes in the parabolic Anderson model, *Commun. Math. Phys.* **267**(2), 307–353 (2006).

LITERATURVERZEICHNIS

[H00] F. den Hollander, *Large Deviations*, American Mathematical Society, Providence, RI 2000.

[LMW05] H. Leschke, P. Müller und S. Warzel, A survey of rigorous results on random Schrödinger operators for amorphous solids, in: J.-D. Deuschel (Ed.) et al., *Interacting Stochastic Systems*, pp. 153–179, Springer, Berlin, 2005.

[LL01] E. H. Lieb und M. Loss, *Analysis*, 2. Auflage, American Mathematical Society, Providence, RI 2001.

[M94] S. A. Molchanov, Lectures on random media, in: D. Bakry (Ed.) et al., *Lectures on Probability Theory. Ecole d'Eté de Probabilités de Saint-Flour XXII-1992*, pp. 242–411, Springer, Berlin, 1994.

[S09] B. Schmidt, On a semilinear variational problem, to appear in: *ESAIM Control Optim. Calc. Var.*

[S98] A.-S. Sznitman, *Brownian Motion, Obstacles and Random Media*, Springer, Berlin 1998.

[Z87] Y. B. Zel'dovitch, S. A. Molchanov, S. A. Ruzmaikin und D. D. Sokolov, Intermittency in random media, *Sov. Phys. Uzpekhi.* **30**(5), 353–369 (1987).

Danksagungen

Danke an Prof. Wolfgang König für seine herausragende Betreuung. Er hat mich mit Enthusiasmus in die parabolische Anderson-Welt eingeführt und war stets für ausgiebige Diskurse und hilfreiche Tipps bereit, die meine mathematische Technik und Intuition sehr bereichert haben.

Danke an Prof. Bernd Schmidt für variationstheoretische Erleuchtung und an Prof. Rainer Schumann für wertvolle Hinweise zu mathematischen Theorien, die mir zuvor verborgen blieben.

Danke an alle Förderer und Beteiligten des Graduiertenkollegs „Analysis, Geometrie und ihre Verbindung zu den Naturwissenschaften" der Universität Leipzig, welches mir neben regelmäßiger finanzieller Unterstützung auch die Möglichkeit verschaffte, interessante Konferenzen zu stochastischen Prozessen zu besuchen.

Danke an alle Doktoranden der Mathematik, die ich im Verlauf meiner Promotionszeit kennen lernen und ihre Erfahrungen teilen durfte, ganz besonders die Doktoranden meines Graduiertenkollegs und speziell Mathias für den fruchtbaren mathematischen Austausch.

Danke an Konrad für die stets gute Zusammenarbeit.

Danke an Alraune, Mathias und Mario für das Korrekturlesen und für nützliche LaTeX-Hinweise.

Danke an mein Kastenbrot für die erfolgreiche Triangulierung sowie an Anne und Nino für kreatives Tetraederbasteln.

Danke an meine Freunde und Familie, mit denen ich meine Erfolge und Kämpfe feiern konnte, und die mir zu wichtigem nichtmathematischen Ausgleich verhalfen. Stellvertretend für alle danke ich hier besonders Mandy und Charlotte sowie Sonja und Anton dafür, dass sie immer für mich da waren. Danke auch an Frau Trapp für klare Gedanken im richtigen Moment.

Danke an alle für die erfahrungsreiche Zeit, die sich gemeinsam noch viel mehr genießen ließ.

Die VDM Verlagsservicegesellschaft sucht für wissenschaftliche Verlage abgeschlossene und herausragende

Dissertationen, Habilitationen, Diplomarbeiten, Master Theses, Magisterarbeiten usw.

für die kostenlose Publikation als Fachbuch.

Sie verfügen über eine Arbeit, die hohen inhaltlichen und formalen Ansprüchen genügt, und haben Interesse an einer honorarvergüteten Publikation?

Dann senden Sie bitte erste Informationen über sich und Ihre Arbeit per Email an *info@vdm-vsg.de*.

Sie erhalten kurzfristig unser Feedback!

VDM Verlagsservicegesellschaft mbH
Dudweiler Landstr. 99　　　　　　　Telefon　+49 681 3720 174
D - 66123 Saarbrücken　　　　　　　Fax　　　+49 681 3720 1749
www.vdm-vsg.de

Die VDM Verlagsservicegesellschaft mbH vertritt

Printed by Books on Demand GmbH, Norderstedt / Germany